DREI VORTRÄGE

ÜBER

TUBERKULOSE.

VON

JOHANNES ORTH

PROFESSOR AN DER UNIVERSITÄT BERLIN,

MIT 2 KURVEN IM TEXT.

1913

Springer-Verlag Berlin Heidelberg GmbH

ISBN 978-3-662-34307-4   ISBN 978-3-662-34578-8 (eBook)
DOI 10.1007/978-3-662-34578-8

Inhalt.

I.

Ueber Rinder- und Menschentuberkulose.

Eine historisch-kritische Betrachtung.

(8. Februar 1912.)

Die Frage nach den Beziehungen zwischen der Rinder- und Menschentuberkulose ist in dem letzten Jahrzehnt dank einer von dem berühmten Entdecker der Tuberkelbacillen, R. Koch, ausgegangenen Anregung ganz besonders eifrig studiert worden, weil von der Beantwortung dieser Frage ein Teil wenigstens der Antwort auf die andere Frage abhängt, welche das ganze Menschengeschlecht unmittelbar interessiert, die Frage nämlich, wie man die menschliche Tuberkulose, jene häufigste und schlimmste aller Krankheiten, am besten und aussichtsvollsten bekämpfen könne. Bei allen Kulturnationen sind Forscher eifrig an der Arbeit gewesen, teils Einzelforscher, teils Forschergenossenschaften, zu denen sich auch einige staatliche Anstalten, wie das Kaiserliche Deutsche Gesundheitsamt und das Department of health in New York, gesellten. Ganz besonders waren die Augen der Tuberkuloseforscher und -ärzte auf eine mit reichen Mitteln ausgestattete Kommission hervorragender englischer Forscher [British Royal Commission on Tuberculosis (Human and Bovine)], gerichtet, welche im königlichen Auftrage auf breitester Grundlage die Beziehungen zwischen Tier- und Menschentuberkulose studierte. Nach 10jähriger eifriger Tätigkeit hat diese Kommission im verflossenen Jahre ihren Gesamtbericht erstattet[1]), und es ist damit zweifellos ein Markstein auf dem Forschungswege gesetzt, zwar nicht ein Abschluß, aber doch ein Abschnitt der Forschungstätigkeit erreicht. So dürfte also nun, nachdem ganz kürzlich auch über die Arbeiten im New Yorker Gesundheitsamt ein Schlußbericht erschienen ist[2]), der Zeitpunkt gekommen sein, um Rückschau zu halten über das, was überhaupt geleistet worden ist, um festzustellen, wie für die Gegenwart der Stand der Frage sich gestaltet hat, und um Ausschau zu halten auf die Aufgaben der Zukunft. Es scheint mir das um so notwendiger und nützlicher zu sein, als Meinungsverschiedenheiten über die Entwicklung und den Stand der Fragen hervorgetreten sind.

---

1) Abgedruckt in Tuberculosis. September 1911. Bd. 10. Nr. 9.
2) Journ. of med. Researches. Dezember 1911. S. 313.

Selbstverständlich kann es hier nicht meine Aufgabe oder Absicht sein, das ungeheure Forschungsmaterial im einzelnen zusammenzustellen und zu würdigen, sondern es sollen nur in großen Zügen der Gang der Untersuchungen und ihre Hauptresultate vorgeführt werden.

Die hier in Betracht kommende Krankheit des Rindviehes ist bei uns hauptsächlich unter dem Namen Perlsucht bekannt. Schon vor 100 Jahren ist sie, besonders in Frankreich, als eine Form von Tuberkulose angesehen worden, und der Name der Cachexia tuberculosa oder der Tuberculosis serosa hat, wie Virchow in seinem Geschwulstwerk sich ausdrückt[1]), mehr und mehr Bürgerrecht gewonnen. Aber nicht nur das, sondern, so wie man die menschliche Tuberkulose mit der Lungenschwindsucht in Verbindung brachte, so hat man auch Perlsucht und Lungenschwindsucht der Tiere als zusammengehörig, als eine einheitliche Krankheit betrachtet.

Freilich nicht ohne Widerspruch seitens Vertreter sowohl der humanen wie der veterinären Pathologie; insbesondere hat Virchow selbst in seiner Onkologie wie Gurlt auf die Aehnlichkeit der Perlsuchtprodukte mit Sarkomen hingewiesen und erklärt, daß die Perlsuchtwucherungen sich zunächst den Lymphosarkomen anschlössen, welche er mit der Tuberkulose zwar unter der gleichen Ueberschrift „Lymphatische Geschwülste" abhandelte, aber eben doch von ihr abtrennte. Außer acht darf freilich nicht gelassen werden, daß Virchow Analogien mit der Skrofelkrankheit des Menschen zuließ, mit einer Krankheit also, welche man heute im wesentlichen der Tuberkulose zurechnet, so daß also doch auch er im Grunde genommen Analogien mit tuberkulösen Erkrankungen des Menschen anerkannte.

Es dürfte ohne weiteres klar sein, daß die morphologische Forschung ebensowenig imstande war, die Gleichwertigkeit der Perlsucht mit menschlicher Tuberkulose endgültig nachzuweisen, wie sie imstande war, die Abgrenzung der menschlichen Tuberkulose vorzunehmen. Zwar hat die Verfeinerung der mikroskopischen Technik nicht verfehlt, immer deutlicher wesentliche Aehnlichkeiten der perlsüchtigen Knoten beim Rindvieh und der tuberkulösen Wucherungen beim Menschen aufzudecken, aber das entscheidende Wort konnte nur die ätiologische Forschung sprechen, sowohl in bezug auf die Frage, was gehört alles zur menschlichen Tuberkulose, als auch in bezug auf die andere, was ist die Perlsucht und in welcher Beziehung steht sie zu der menschlichen Tuberkulose. Nachdem Villemin 1865 den glücklichen Anfang mit experimenteller Erzeugung von Tuberkulose gemacht hatte, mehrte sich bald die Zahl der Experimentatoren, sowohl derer, welche mit tuberkulösen Stoffen vom Menschen arbeiteten, als auch derer, welche von perlsüchtigen Tieren stammende Massen prüften.

In bezug auf die menschliche Tuberkulose schritt die Kenntnis ununterbrochen und unaufhaltsam, wenn auch keineswegs ohne Irrungen und Wirrungen, weiter, denn der Versuch Friedländers, der experimentell erzeugten Krankheit die tuberkulöse Natur ab-

---

[1]) Onkologie. Bd. II, 2. S. 741.

zusprechen und sie als eine besondere Erscheinungsform chronischer
Pyämie hinzustellen, hatte keinen Erfolg. Immer deutlicher zeigte
sich, daß das Gebiet der menschlichen Tuberkulose viel weiter reichte,
als es morphologisch durch die Entwicklung kleiner Knötchen, der
Tuberkel, umgrenzt wurde, immer klarer trat zutage, daß die Tuberkulose des Menschen eine ansteckende Infektionskrankheit ist,
eine durch einen besonderen Infektionsstoff (Virus tuberculosum) erzeugte Krankheit, welche nicht nur Knötchen, sondern auch allerhand
andere, bisher vielfach als skrofulöse bezeichnete Veränderungen hervorrufen kann. Schon 1879 konnte Cohnheim in großen Zügen
die Pathologie der Infektionskrankheit Tuberkulose feststellen unter
Betonung des Satzes, daß zur Tuberkulose alles gehört, durch
dessen Uebertragung auf geeignete Versuchstiere Tuberkulose hervorgerufen wird.

Komplizierter gestalteten sich die Verhältnisse bei den Perlsucht-
forschungen, denn bei ihnen griffen verschiedene Fragen ineinander.
Es mußte festgestellt werden, ob auch die Perlsucht eine übertragbare
Iufektlonskrankheit sei, ob sie als Tuberkulose angesehen werden
dürfe, ob sie zutreffendenfalles mit der menschlichen Tuberkulose
identisch sei, ob sie auf den Menschen übertragen werden könne und
wenn ja, durch welche Mittel (Milch, Fleisch) und auf welchem Wege
die Uebertragung etwa stattfinden könne. Die widerstreitendsten Anschauungen wurden, nicht ohne persönliche Schärfe, von Tier- wie
von Menschenpathologen vertreten, aber schließlich kam doch auch
hier diejenige Anschauung immer mehr zur Geltung, welche in der
Perlsucht eine übertragbare tuberkulöse Erkrankung er-
blickte. Auch ich habe mich, wie ich glaube, nicht ohne Erfolg an der
Befestigung dieser Lehre beteiligt durch eine Experimentaluntersuchung,
welche ich im Jahre 1876 in dem Virchowschen Institut ausführte[1]).
Ich kam zu dem Resultat, daß die Perlsucht eine übertragbare Infektionskrankheit ist, und daß sie sowohl nach dem Resultat der
mikroskopischen Untersuchung perlsüchtiger Produkte selbst wie vor
allem nach dem Erfolg der Uebertragung auf Kaninchen — ich hatte
bei diesen durch Fütterung eine Erkrankung erzeugt — auf Grund
sowohl des makroskopischen als auch vor allem des mikroskopischen
Befundes als eine Tuberkulose angesehen werden müsse. Ich wies
dabei darauf hin, daß die morphologischen Befunde bei den künstlich
tuberkulös gemachten Tieren erheblich abwichen von den Befunden
bei der Ausgangskrankheit, der Perlsucht des Rindviehes, dagegen
die größte Uebereinstimmung mit den bei der menschlichen Tuberkulose festgestellten Veränderungen darboten. Daraus schloß ich,
daß die Perlsucht des Rindviehes und die Tuberkulose des
Menschen trotz der Verschiedenheiten in ihrer Erscheinungsweise
doch identische Krankheiten sind, und aus der Möglichkeit, die
Perlsucht auf Tiere zu übertragen, schloß ich weiter, daß auch eine
Uebertragung auf den Menschen stattfinden könne. Ob durch
Milch und Fleisch perlsüchtiger Kühe, also mittels der Nahrung diese
Uebertragung stattfände, darüber hatte ich selbst keine Beobachtungen

---

1) Virchows Archiv. 1879. Bd. 76.

gemacht, aber, daß Milch und Milchprodukte den Giftstoff enthalten könnten und daß dieser durch diese Nahrungsmittel auf andere Lebewesen übertragen werden könne, dafür wurden von allen Seiten, trotz aller Widersprüche in den Resultaten verschiedener Experimentatoren, immer mehr Beweise herbeigeschafft.

Es würden aber sicherlich weder die neuen Anschauungen über die menschliche Tuberkulose noch auch diejenigen über die Natur und Bedeutung der Perlsucht so schnell, wie es tatsächlich geschehen ist, allgemeine Geltung erlangt haben, wenn nicht im Jahre 1882 R. Koch der große Wurf gelungen wäre, den Erreger der Tuberkulose, den Tuberkelbacillus zu entdecken. Es erübrigt sich hier, die große Bedeutung dieser Entdeckung ins rechte Licht zu setzen, denn jedermann ist heutzutage von ihrer Bedeutung für die Wissenschaft sowohl wie für die Praxis überzeugt, wohl aber muß darauf hingewiesen werden, daß Koch sowohl beim tuberkulösen Menschen als auch beim perlsüchtigen Vieh die Tuberkelbacillen nachweisen konnte und daß sie bald auch in der Kuhmilch, in der Butter usw. aufgefunden wurden.

Koch selbst konnte keine wesentlichen Unterschiede zwischen den vom Menschen oder vom Rinde stammenden Bacillen bemerken und stellte deshalb in seiner berühmten Tuberkulosearbeit vom Jahre 1884[1]), da auch eine morphologische Uebereinstimmung in bezug auf die primäre Struktur der Tuberkel vorhanden sei, die völlige Einheit und Zusammengehörigkeit der tuberkulösen Prozesse verschiedener Tierspezies und des Menschen fest. Er zog auch die praktischen Folgerungen aus dieser Anschauung, indem er zwar das bacillenhaltige Sputum tuberkulöser Menschen als die wichtigste Ansteckungsquelle für den Menschen bezeichnete, aber doch meinte, die Perlsucht des Rindes, die käsigen Veränderungen in den Lymphdrüsen der Schweine seien ein so häufiges Vorkommnis, daß sie volle Beachtung verdienten, selbst für den Fall, daß noch eine Verschiedenheit zwischen den vom Menschen und vom Tier stammenden Bacillen festgestellt werden sollte. „Sollte sich also auch wirklich", so schreibt Koch wörtlich, „noch im Laufe weiterer Untersuchungen wieder eine Differenz zwischen den tuberkulösen und den Perlsuchtbacillen herausstellen, welche uns nötigen würde, dieselben nur als nahe Verwandte, aber doch als verschiedene Arten anzusehen, dann hätten wir gleichwohl alle Ursache, die Perlsuchtbacillen für im höchsten Grade verdächtig zu halten. Vom hygienischen Standpunkt aus müssen dieselben Maßregeln dagegen ergriffen werden wie gegen die Infektion durch Tuberkelbacillen," (d. h. menschliche) „solange nicht bewiesen ist, daß der Mensch ungestraft Hautwunden mit Perlsuchtbacillen in Berührung bringen, daß er dieselben inhalieren oder ihre Sporen in seinen Verdauungstraktus bringen kann, ohne tuberkulös zu werden."

Dies war denn auch die in den achtziger Jahren des vorigen Jahrhunderts herrschende Ansicht, auf Grund deren Vorsichtsmaßregeln zum Schutze der Menschen gegen die Perlsucht-

---

1) R. Koch, Mitteil. a. d. Kais. Gesundheitsamt. 1884. Bd. 2.

bacillen ergriffen wurden. Man mag sich deshalb das Erstaunen der wissenschaftlichen Welt vorstellen, als Koch im Jahre 1901 auf dem Tuberkulosekongreß in London, wo er über die Bekämpfung der Tuberkulose sprach, den Perlsuchtbacillen so ziemlich jede Bedeutung für den Menschen absprach und demzufolge jede Maßregel gegen die Perlsucht des Rindviehes, soweit das Interesse der Menschen in Betracht kommt, für überflüssig erklärte[1]). Diese Schlußfolgerung war es vorzugsweise, welche Gegner auf den Plan rief, viel weniger die Begründung dieses Ausspruches, daß nämlich „die Tuberkulose der Menschen sich von der der Rinder unterscheidet und nicht auf das Vieh übertragen werden kann", denn mit der Möglichkeit einer Verschiedenheit der beiderseitigen Tuberkelbacillen hatte ja auch Koch schon 1884 gerechnet und trotzdem erklärt, wir hätten alle Ursache, die Perlsuchtbacillen für im höchsten Grade verdächtig zu halten — und nun auf einmal sollten sie ganz unverdächtig sein, so unverdächtig, daß es als ganz überflüssig erscheine, Maßregeln gegen sie zu ergreifen. In unserer schnellebigen Zeit wird leicht vergessen, was der Ausgang eines über ein Jahrzehnt sich nun schon hinziehenden Streites gewesen ist, darum ist es notwendig, sich an dokumentarisch festgestellte Tatsachen zu halten. Bei der Besprechung der auf Grund der wissenschaftlichen Erkenntnisse zu ergreifenden Maßnahmen sagte Koch in London betreffs der Bedeutung der Vererbung: „so können wir diese Entstehung der Tuberkulose für unsere praktischen Maßnahmen ganz außer acht lassen", und da er weiter sagte, daß er den Umfang der Infektion durch Milch, Butter und Fleisch von perlsüchtigen Tieren kaum größer schätzen möchte als denjenigen durch Vererbung, so mußte jedermann Koch so verstehen, daß man seiner Meinung nach auch die Entstehung der Tuberkulose durch Milch, Butter, Fleisch von tuberkulösen Kühen für unsere praktischen Maßnahmen ganz außer acht lassen könne, und wer doch noch einen Zweifel in dieser Beziehung hätte haben können, dem nahm er ihn, indem er fortfuhr: „und ich halte es deswegen für nicht geboten, irgendwelche Maßregeln dagegen zu ergreifen". Es ist also nicht davon die Rede, daß angesichts der von den Bacillen tuberkulöser Menschen drohenden Gefahr in erster Linie gegen die Verbreitung der vom Menschen stammenden Tuberkelbacillen Maßnahmen ergriffen werden müßten, an die in zweiter Linie zweckmäßigerweise auch gegen die Perlsucht Maßnahmen sich anschließen könnten, sondern es heißt klipp und klar, es sei nicht geboten, gegen die Perlsucht irgendwelche Maßnahmen zu ergreifen.

Es ist angesichts dieser unzweideutigen Meinungsäußerung völlig unverständlich, wie einer der späteren Schüler und Mitarbeiter Kochs (Möllers) kürzlich hat behaupten können[2]): „Die Zweckmäßigkeit von Maßnahmen gegen die durch die Milch perlsüchtiger Kühe bedingte Infektionsmöglichkeit ist von R. Koch niemals[3]) geleugnet worden." Diese Behauptung ist um so auffälliger, als Koch selbst auf der Inter-

---

1) Deutsche med. Wochenschr. 1901.
2) Berliner klin. Wochenschr. 1911. Nr. 47. S. 2117.
3) Von mir gesperrt.

nationalen Tuberkulosekonferenz in Berlin 1902 aus der Feststellung, wie wenig sichere Beweise für die Uebertragung der Tuberkulose durch Kuhmilch auf Menschen vorhanden sind, den Schluß zog: „Wenn irgendwelche Maßregeln im Interesse der Landwirtschaft ergriffen werden sollen, dann mag man das tun; aber sie können nur vom veterinärärztlichen Standpunkte, vom landwirtschaftlichen Standpunkte aus begründet werden, nicht aber vom Standpunkte aus, daß man meint, die Tuberkulose des Menschen damit bekämpfen zu können[1].“ Auch noch weitere 3 Jahre später hat Koch in seiner am 12. Dezember 1905 gehaltenen Nobelvorlesung die Unschädlichkeit der Perlsuchtbacillen für den Menschen als erwiesen erklärt[2].

In dieser Vorlesung sprach Koch nach der Ansteckung von Mensch zu Mensch auch von einer zweiten Möglichkeit, nämlich von der Ansteckung des Menschen mit Rindertuberkelbacillen. „Diese zweite Möglichkeit“, so fuhr er fort, „können wir nach den Untersuchungen, welche ich gemeinsam mit Schütz über das Verhältnis zwischen Menschen- und Rindertuberkulose angestellt habe, fallen lassen oder doch so gering ansehen, daß diese Quelle der Ansteckung gegenüber der anderen ganz in den Hintergrund tritt.“ Die kleine Reservation verliert völlig ihre Bedeutung durch den folgenden Satz: „Für die Tuberkulosebekämpfung kommen mithin nur die vom Menschen ausgehenden Tuberkelbacillen in Betracht[3].“ Kein klar denkender Mensch kann aus dieser Aeußerung etwas anderes entnehmen, als daß Koch hat sagen wollen, Maßnahmen gegen die Uebertragung des Perlsuchtbacillus halte ich nicht für nötig; von der Anerkennung einer Zweckmäßigkeit von Maßnahmen gegen die durch die Milch perlsüchtiger Kühe bedingte Infektionsmöglichkeit seitens Kochs kann danach gar keine Rede sein.

Anders lautet der von Koch gebilligte Bericht von Pannwitz über den von Koch auf dem Kongreß in Washington 1908 vertretenen Standpunkt[4]. Da heißt es von Koch: „er wendet sich nur dagegen, daß diese an sich sehr nützlichen Maßnahmen“ (nämlich gegen die Rindertuberkulose) „bei der Bekämpfung der Menschentuberkulose in den Vordergrund gestellt werden“. Das ist etwas ganz anderes, und so formuliert wird kaum jemand heute noch etwas einzuwenden haben, auch die Gegner von früher nicht, denn diese haben nur gegen die völlige Vernachlässigung der von der Perlsucht drohenden Gefahr opponiert. Daß Koch damit in dieser Frage seine Ansicht geändert hat zugunsten derjenigen seiner Gegner, das hat der obengenannte Mitarbeiter infolge meines Hinweises auf die Irrigkeit seines „Niemals“ zugegeben[5]), und ich kann ihn als unverdächtigen Zeugen zitieren. Nach Anführung einer Anzahl Kochscher Aeußerungen schreibt er: „Aus diesen Zitaten ergibt sich, daß Koch selbst die von ihm in dem Londoner Vortrag im Jahre 1901 gebrauchten . . . Worte später auf

---

1) I. Internationale Tuberkulosekonferenz, Berlin 1902. Bericht von Pannwitz. 1903. S. 360.
2) Deutsche med. Wochenschr. 1906. Nr. 3. S. 89.
3) Von mir gesperrt.
4) Berliner klin. Wochenschr. 1908. Nr. 44. S. 2001.
5) Berliner klin. Wochenschr. 1911. Nr. 49. S. 2236.

Grund weiterer Erfahrungen hat mildern wollen. Diese veränderte Anschauung[1]" usw.

Diesem Zugeständnis gegenüber nimmt sich die Behauptung Gaffkys in seiner Gedenkrede auf Koch[2] „auch in einer anderen wichtigen Tuberkulosefrage ist Koch über die Gegner Sieger geblieben" sehr merkwürdig aus, denn es ist damit die Perlsuchtfrage gemeint. Wenn zur Begründung gesagt wird, „denn kaum kann heute noch seine Lehre ernstlich bestritten werden, daß den sog. Perlsuchtbacillen für die tuberkulöse Infektion des Menschen nur eine untergeordnete Bedeutung zukommt, und daß im besonderen für die Entstehung der Schwindsucht, dieser verbreitetsten und verheerendsten Form der Tuberkulose, nicht der Genuß von Milch perlsüchtiger Kühe, sondern die von dem Menschen ausgeschiedenen Tuberkelbacillen verantwortlich zu machen sind", so wird damit nur ein Teil der Perlsuchtfrage berührt, dagegen jener Teil, der in London das große Aufsehen erregte und der der Ausgangspunkt des Streites war, nämlich die Behauptung, daß man sich bei der Bekämpfung der Tuberkulose um die Perlsucht nicht zu kümmern habe, achtlos beiseite gelassen. In dieser Frage ist aber Koch nicht Sieger geblieben, sondern seine Gegner, die, wie ich, gesagt haben, „ob klein, ob groß, jeder Gefahr, welche der menschlichen Gesundheit droht, muß mit allen Mitteln begegnet werden[3]". Ich kann mich unmöglich als Besiegter fühlen, nachdem Koch seine Ansicht geändert und die Maßnahmen gegen die Perlsucht als sehr nützlich anerkannt hat.

Leider haben nicht alle seine Anhänger diese Anschauungsänderung Kochs mitgemacht, sondern noch in jüngster Zeit ist bedauerlicherweise gelegentlich der Tuberkuloseausstellung Berlin-Wilmersdorf 1911 von dem Generalsekretär des Deutschen Zentralkomitees zur Bekämpfung der Tuberkulose, Prof. Dr. Nietner, dem Publikum die alte, von ihm selbst verlassene Kochsche Lehre vorgetragen worden[4], indem der Redner behauptete, alle Männer der Wissenschaft müßten zugeben, „daß, wenn eine Ansteckung durch die Milch, Butter usw. für den Menschen möglich ist, daß sie nur so selten vorkommt, daß es für die große Bekämpfung der Tuberkulose als Volkskrankheit gar nicht in Betracht kommt". Wenn der Redner in einem und demselben Satze erklärt, es seien einzelne Fälle bei Kindern beobachtet worden, wo die Ansteckung durch Milch erfolgt zu sein scheine, und daß die Perlsuchtbacillen, die sich in der Milch der an Eutertuberkulose leidenden Kuh befinden, nicht den menschlichen Körper anstecken, so ist das ein unlösbarer Widerspruch, und wenn nun weiter trotzdem Abkochung der Milch perlsüchtiger Kühe verlangt wird, weil es vom hygienischen Standpunkte unstatthaft sei, die Milch von kranken Kühen unabgekocht zu genießen, so wird das auf das Publikum gar keinen Eindruck machen, sondern dieses wird sich nur merken, daß man sich um die Perlsuchtbacillen nicht zu kümmern brauche. Solche

---

1) Von mir gesperrt.
2) Deutsche med. Wochenschr. 1910. Nr. 50. S. 2321.
3) Berliner klin. Wochenschr. 1902. Nr. 34.
4) Tuberkuloseausstellung Berlin-Wilmersdorf 1911. Verlag Wilmersdorfer Zeitung. 1912. S. 30.

Darlegungen werden deshalb dazu beitragen, die Maßnahmen gegen die durch die Milch perlsüchtiger Kühe bedingte Infektionsmöglichkeit in Mißkredit zu bringen, deren Nützlichkeit und Zweckmäßigkeit Koch selbst anerkannt hat.

Ganz anders haben sich die maßgebenden Behörden zu dieser Frage gestellt, denn der Reichsgesundheitsrat hat in seiner Sitzung am 7. Juni 1905 festgestellt[1]), daß der menschliche Körper zur Aufnahme der Ansteckungskeime aus tuberkelbacillenhaltigen Ausscheidungen (z. B. Milch) oder tuberkulös verändertem Fleisch der Haussäugetiere befähigt ist, daß nicht nur örtlich beschränkte, sondern auch Fälle, bei welchen die Erkrankung von der Eintrittspforte aus auf entferntere Körperteile übergegriffen und den Tod der betreffenden Person erzeugt hatte, beobachtet worden sind, daß daher der Genuß von Nahrungsmitteln, welche von tuberkulösen Tieren stammen und lebende Tuberkelbacillen des Typus bovinus enthalten, für die Gesundheit des Menschen im Kindesalter nicht als unbedenklich zu betrachten sind. In folgerichtiger Weise wird auf eine gewissenhafte Fleischbeschau, gründliches Kochen des Fleisches tuberkulösen Rindviehes hingewiesen und in bezug auf die Milch gesagt: „Die Möglichkeit der Uebertragung der Tuberkelbacillen mit der Milch und den Milchprodukten auf den Menschen wird durch wirksame Bekämpfung der Tuberkulose unter dem Rindvieh erheblich verringert. Die in der Milch enthaltenen Tuberkelbacillen können durch zweckentsprechende Erhitzung abgetötet werden.“ Diese Leitsätze wurden in der Mitte desselben Jahres beschlossen, an dessen Ende Koch erklärte, daß die Rindertuberkulose nicht auf den Menschen übertragbar sei, so daß generalisierte Tuberkulose (und vor allem Lungenschwindsucht) entstehe, und kurzweg behauptete, für die Tuberkulosebekämpfung kämen nur die vom Menschen ausgehenden Tuberkelbacillen in Betracht!

Der Reichsgesundheitsrat hat seine Erklärungen abgegeben auf Grund der im Reichsgesundheitsamt angestellten Untersuchungen, denen auch Koch volle Beweiskraft zuerkannt hat, deren Resultate ich deshalb alsbald etwas genauer angeben werde.

Ich habe bisher nur die für die öffentliche Gesundheitspflege wichtigste Frage, ob man Schutzmaßnahmen auch gegenüber der Perlsucht ergreifen bzw. beibehalten solle, erörtert, diese hängt aber aufs innigste mit einer ganzen Anzahl anderer Fragen zusammen, deren Beantwortung erst die Grundlage für die Beantwortung jener Frage gewährt.

Da ist zunächst die Frage der Identität von Perlsucht und menschlicher Tuberkulose. Daß die Verschiedenheit der morphologischen Befunde für diese Frage keine Bedeutung haben kann, das ist schon vor der Entdeckung der Tuberkelbacillen erkannt worden, das bedarf aber auch deswegen keiner neuen Auseinandersetzung, weil wir durch tausendfältige Experimente mit Tuberkelbacillen wissen, daß alle Tiergattungen gegenüber demselben Bacillenstamm ganz typische Verschiedenheiten der erzeugten Krankheit darbieten. Dieselbe Ursache bewirkt je nach der infizierten Tiergattung ganz verschiedene Erkran-

---

1) Deutsche med. Wochenschr. 1905. Nr. 40. S. 1604.

kungen, folglich kann man aus der Verschiedenheit einer Erkrankung bei verschiedenen Tiergattungen (Mensch und Rindvieh) nicht auf eine Verschiedenheit der Ursachen schließen. Ebensowenig kann aber auch auf eine Gleichheit der Ursache geschlossen werden, wenn Infektionsstoffe verschiedener Herkunft bei derselben Tiergattung eine anscheinend gleiche Veränderung hervorrufen. Der von mir bei früherer Gelegenheit in bezug auf Perlsucht und Menschentuberkulose angewandte Satz, wenn zwei Größen einer dritten gleich sind, sind sie untereinander gleich, kann heute nur noch als bedingt richtig anerkannt werden; richtig ist er auch heute noch in bezug auf den allgemeinen Charakter der menschlichen Tuberkulose und der Perlsucht, denn an der Anschauung ist nichts geändert worden, daß auch die Perlsucht eine Tuberkulose ist, daß es also beim Menschen- und beim Rindergeschlecht (und anderen Tiergeschlechtern) eine verwandte, zu derselben Gruppe gehörige Erkrankung gibt, die man Tuberkulose nennt. Aber ob die beiden Krankheiten völlig identisch sind, das kann um so weniger aus dem Resultat der Experimente erschlossen werden, als sich im Laufe der Untersuchungen herausgestellt hat, daß zwischen den Erfolgen der Experimente mit Perlsuchtmaterial oder mit vom Menschen stammenden tuberkulösen Massen[1]) ebenso wie bei denen mit reingezüchteten Bacillen Verschiedenheiten vorhanden sein können und in der Mehrzahl der Fälle tatsächlich vorhanden sind. Man musste also statt des indirekten Beweises einen direkten zu gewinnen suchen, indem man unmittelbar von Mensch auf Rind oder umgekehrt die menschliche bzw. die Rindertuberkulose zu übertragen versuchte.

Koch hat den ersten Weg eingeschlagen, und weil in 19 mit Schütz zusammen angestellten Versuchen mit vom Menschen stammenden Bacillen Vieh nicht tuberkulös gemacht werden konnte, schloß er, „daß die Tuberkulose der Menschen sich von der der Rinder unterscheidet und nicht auf das Vieh übertragen werden kann.“

Die letzte Behauptung ist nicht vollständig richtig, denn in den verschiedensten Ländern, an den verschiedensten Orten, von den verschiedensten Experimentatoren sind im Laufe der Zeit eine ganze Anzahl von Experimenten ausgeführt worden, bei welchen durch vom Menschen stammende Bacillen eine fortschreitende schwere Tuberkulose bei Kälbern erzeugt werden konnte.

Da Koch selbst einen besonderen Wert auf die im Reichsgesundheitsamt ausgeführten Untersuchungen legte, so will ich zunächst einige Zahlen, die hier gefunden wurden, angeben[2]). Voraus bemerke ich nur noch, daß die bei Rindern vorkommenden Bacillen als Typus bovinus, die bei den meisten Menschentuberkulosen vorkommenden als Typus humanus bezeichnet werden. Auf die Bedeutung dieser Ausdrücke komme ich später zurück, hier sei nur noch bemerkt, daß alle diejenigen menschlichen Tuberkulosen, bei welchen Bacillen vom Typus bovinus vorhanden sind, auch auf Rindvieh übertragen werden können und darum umgekehrt als auf Infektion vom Rindvieh her beruhend

---

1) Bei meinen Fütterungsergebnissen hatte ich bereits Unterschiede gefunden.
2) Deutsche med. Wochenschr. 1905. Nr. 40. S. 603.

betrachtet werden müssen. Diese menschlichen Tuberkulosen sind
also ätiologisch mit der Rindertuberkulose identisch.

In 67, allerdings in Rücksicht auf das mögliche Vorkommen von
bovinen Bacillen ausgesuchten Tuberkulosefällen vom Menschen wurde
56 mal Typus humanus, 9 mal, d. h. in 13,43 %, reiner Typus bovinus
und 2 mal sowohl Typus bovinus als auch Typus humanus gefunden,
d. h. Bacillen vom Typus bovinus, Bacillen, welche vom Menschen auf
Kälber übertragen werden konnten und Tuberkulose bewirkten, überhaupt in 16,57 % aller untersuchten Fälle. Unter den neun reinen
Bovinusfällen, welche ausschließlich Kinder unter acht Jahren betrafen,
befanden sich drei mit generalisierter Tuberkulose, unter den beiden
Fällen mit gemischten Bacillen fand sich eine 30jährige Frau. Besonders bemerkenswert ist der Befund bei 12 Kindern unter zehn
Jahren, bei denen der Darm als Eintrittspforte für die Bacillen anzusehen war: nur fünf davon ergaben Typus humanus, sechs reinen
Typus bovinus, und ein Fall beide zugleich, so daß nicht weniger als
58,33 % dieser Fälle bovine Bacillen enthielten, durch welche die
menschliche Tuberkulose auf Kälber übertragen werden konnte. Bei
sechs dieser Fälle handelte es sich um eine verallgemeinerte Tuberkulose, und auch bei diesen sechs Fällen waren 2 mal bovine Bacillen
allein, 1 mal diese mit humanen zugleich vorhanden. Angesichts
solcher Befunde zu behaupten, die Tuberkulose des Menschen könne
nicht auf das Vieh übertragen werden, ist sicherlich ungerechtfertigt,
denn hier handelte es sich doch auch um Tuberkulose des Menschen!

Auch weitere im Gesundheitsamt vorgenommene Untersuchungen
haben bemerkenswerte Resultate ergeben. Oehlecker[1] hat 50 chirur-
gische Tuberkulosen untersucht und insgesamt in 10 % der Fälle
Typus bovinus gefunden. Unter 12 Fällen von kindlichen Halsdrüsen-
tuberkulosen zeigten $33\frac{1}{3}$ % Bacillen vom Typus bovinus. Solche
fanden sich auch in einem Falle von Knochentuberkulose bei einem
Kinde, welches seit mindestens $6\frac{3}{4}$ Jahren krank war; Zeichen einer
Umwandlung des Typus bovinus wurden nicht bemerkt.

Die gleichen allgemeinen Erfahrungen wurden an anderen Orten
gemacht. Kossel, den ich besonders erwähne, weil er ein Hauptvertreter der Kochschen Schule ist, hat unter 35 Fällen von Tuberkulose nicht lungenschwindsüchtiger Menschen 6 mal, d. h. in 17 %
der Fälle, auf Rinder übertragbare Tuberkulose gefunden[2]), und in dem
Laboratorium des New Yorker Department of health haben Park
und Krumwiede folgende Ergebnisse erzielt[3]): Unter 46 Fällen von
Cervikaldrüsentuberkulose bei Individuen unter 16 Jahren waren 21 mal
auf Rinder übertragbare Bacillen vorhanden (= 45,65 %), desgleichen
in neun Fällen zu einem Drittel generalisierter Abdominaltuberkulose
6 mal (= 66,67 %), in 49 Fällen (nicht primär abdominaler) generalisierter Tuberkulose 5 mal (= reichlich 10 %). Besonders beachtenswert ist, daß in dem einen dieser letzten Fälle auch eine Knochentuberkulose vorhanden war, die sonst nur humanen Typus zu geben

---

1) Tuberkulosearbeiten aus dem Kais. Gesundheitsamt. H. 6. 1907. S. 13.
2) Deutsche med. Wochenschr. 1911. Nr. 43.
3) Journ. of med. research. Dec. 1911. p. 313.

pflegt. Unter sieben Urogenitaltuberkulosen befand sich ein Fall von Nierentuberkulose mit für Rinder pathogenen Bacillen.

Ganz besonders häufig fand sich in New York auf Rinder übertragbare Tuberkulose bei Kindern unter fünf Jahren, nämlich unter 88 verstorbenen tuberkulösen Kindern 11 mal, d. h. in $12^1/_2$ % aller Fälle. Dabei wurde ein besonders bemerkenswerter Unterschied zwischen verschiedenen Kinderhospitälern festgestellt, indem in dem Findelhause, wo die Kinder mit Kuhmilch genährt werden, unter neun Fällen nicht weniger wie fünf, d. h. 55,5 %, mit auf Rinder übertragbarer Tuberkulose behaftet gefunden wurden. Die Zahl dieser Beobachtungen ist ja nur eine kleine, aber das Ergebnis doch ein so auffälliges, daß es jedenfalls die höchste Beachtung verdient.

Die englische Kommission hat bei 108 Fällen von menschlicher Tuberkulose ohne die Lupusfälle 19 mal rindervirulente Bacillen allein und noch 5 mal solche zugleich mit nicht auf Rinder übertragbaren gefunden, d. h. nur Rinderbacillen in 17,6% der Fälle, Rinderbacillen überhaupt in 22,2%. In den Fällen mit Rinderbacillen handelte es sich hauptsächlich um sogenannte alimentäre Tuberkulose, d. h. um tuberkulöse Erkrankungen im Bereiche des Verdauungskanals; unter 38 solcher Fälle fanden sich 17 mit Rinderbacillen allein, 19 mit Menschenbacillen allein, und 2 mit beiden Bacillenarten, also Rinderbacillen überhaupt in 50% aller Fälle und allein in 44,74%. Läßt man die durch Operation gewonnenen Zervikaldrüsen, von welchen $^1/_3$ (3 von 9) ausschließlich Rinderbacillen enthielten, weg und berücksichtigt nur die 29 Fälle von primärer Abdominaltuberkulose, so stellt sich der Befund folgendermaßen: 14 mal Rinderbacillen, 13 mal Menschenbacillen, 2 mal beide gemischt. Sehen wir von diesen beiden letzten ab, so handelte es sich ausnahmslos um Kinder bis zu 15 Jahren; die meisten standen im 1. bis 3. Lebensjahre. Von den 14 Rinderbacillenträgern wurden bei 6 mehrere Stellen auf Bacillen untersucht, stets mit dem gleichen Resultat. Während 3 von den 14 nicht an ihrer Tuberkulose gestorben sind, war für 11 die Rinderbacilleninfektion tödlich. Unter den 13 Fällen mit Menschenbacillen waren 12 an ihrer Tuberkulose zugrunde gegangen, so daß von den 23 an primärer Abdominaltuberkulose und ihren Folgen gestorbenen Kindern nicht weniger als 48% an einer Rindertuberkulose zugrunde gegangen sind.

Es ist also auch durch die englische Kommission die Tatsache bestätigt worden, daß vorzugsweise Kinder durch Rinderbacillen gefährdet sind, und daß solche besonders bei Intestinaltuberkulose gefunden werden.

Für die Frage, wie oft überhaupt eine Infektion mit Rinderbacillen bei Kindern vorkommt, können natürlich nur solche Untersuchungsreihen maßgebend sein, bei welchen nicht ausgesuchte Fälle, sondern wahllos alle tuberkulösen Kinderleichen untersucht wurden. Außer in New York sind derartige Untersuchungen auch anderwärts gemacht worden, u. a. durch Beitzke in meinem Institut. Dieser fand in 8% sicher bovine Infektion; wahrscheinlich muß aber ein etwas höherer Prozentsatz genommen werden, da auch noch unsichere Fälle mit atypischen Bacillen hierhergehören. Da an anderen Orten bis zu 20% gefunden wurden, so werden wir sicher nicht zu viel sagen, wenn wir 10% bovine Tuberkulose bei Kindern annehmen. Unter den Zehntausenden tuberkulöser Kinder gibt es Tausende mit vom Rinde stammenden Bacillen, und eine solche Zahl soll gleichgültig und zu vernachlässigen sein? Das soll keine Volkskrankheit sein?

Nun hat man diesen Zahlen die Resultate einer Untersuchung von Gaffky und Rothe[1]) entgegengestellt, welche von 400 Kinderleichen je Mesenterial- und Bronchialdrüsen verimpften. In $78 = 19,5\%$ aller Fälle wurden die Impftiere tuberkulös, aber nur $3,85\%$ ergaben Rinderbacillen. Diese Untersuchungen können aber mit jenen gar nicht in Parallele gestellt werden, denn die Fragestellungen waren verschieden. Hier lautete die Frage: In wieviel Kinderleichen findet man lebende Bacillen?, gleichgültig, ob die Kinder an Tuberkulose erkrankt waren oder nicht; dort wurde danach geforscht, wie oft Rinderbacillen bei tuberkulös erkrankten Kindern vorkommen. Wie bei so vielen anderen Infektionskrankheiten, gibt es auch bei der Tuberkulose sogenannte Bacillenträger, d. h. Individuen, welche den Infektionskeim beherbergen, aber keine Zeichen von Krankheit darbieten, nur daß bei den Tuberkelbacillen die Mikroorganismen nicht in den schleimhäutigen Kanälen, sondern innerhalb der Körpergewebe, also für andere Menschen unschädlich, ihren Aufenthalt haben. Man könnte von endophoren Bacillenträgern sprechen. Es ist kein Beweis dafür geliefert, ist im Gegenteil sehr unwahrscheinlich, daß alle diese Bacillenträger später noch an Tuberkulose erkranken müßten. Der menschliche Körper kann sicherlich auch eingedrungener Bacillen noch Herr werden. Wie oft Kinder durch Rinderbacillen tuberkulös gemacht werden, wie oft Rindertuberkulose auf Kinder übertragbar ist, das kann also nur durch Untersuchung tuberkulöser Kinder festgestellt werden.

Unter den mit Perlsuchtbacillen behafteten Kindern befand sich eine große Zahl mit Abdominaltuberkulose, und so lag der Gedanke nahe, daß man aus der Zahl der vorkommenden Intestinaltuberkulosen einen Rückschluß machen könne auf die Häufigkeit der Infektion mit Rinderbacillen. Es stellte sich nun aber heraus, daß die statistischen Feststellungen an verschiedenen Orten und zu verschiedenen Zeiten an demselben Orte durchaus nicht übereinstimmende Resultate ergaben, und da zudem ein großer Teil der daraufhin untersuchten Intestinaltuberkulosen sich als vom menschlichen Bacillentypus erzeugt herausstellte, so kann meines Erachtens auf diesem Wege die Bedeutung der Perlsuchtinfektion nicht festgestellt werden.

Da Perlsuchtbacillen hauptsächlich bei anscheinend alimentärer Infektion gefunden wurden, da Kinder die hauptsächlichsten Milchkonsumenten sind, und da es am nächsten liegt, anzunehmen, daß durch Milch der Import von Perlsuchtbacillen in den menschlichen Körper bewirkt werden kann, so ergab sich die Aufgabe, nach Fällen zu forschen, bei welchen man Beziehungen zwischen Milchgenuß und Tuberkulose überhaupt sowie Perlsuchttuberkulose im besonderen fest-

---

1) Deutsche med. Wochenschr. 1911. Nr. 8.

stellen konnte. Koch hat mit Recht darauf hingewiesen[1]), daß man bei diesen Forschungen mit scharfer Kritik vorgehen müsse und daß die älteren Fälle einer solchen Kritik nicht standhalten. Leider hat auch die weitere Forschung die widersprechendsten Resultate sowohl in bezug auf die Beziehungen zwischen Milchgenuß und Häufigkeit der Tuberkulose überhaupt als auch in bezug auf nachweisbare Entstehung einer bovinen Tuberkulose durch Milchgenuß beim Menschen ergeben. Die Tuberkulose ist eine oft so chronisch und latent verlaufende Krankheit, die Anwesenheit virulenter Bacillen in der genossenen Milch ist so wenig zu kontrollieren, die Disposition der einzelnen Menschen zur Tuberkulose ist eine so verschiedene, daß man von vornherein erwarten konnte, durch derartige Untersuchungen werde man nicht viel erreichen. Das war auch die Meinung Kochs, denn in seiner Tuberkulosearbeit von 1884 heißt es auf S. 84: „Es ist deshalb sehr die Frage, ob jemals ein Fall von menschlicher Tuberkulose einwurfsfrei auf den Genuß von Fleisch oder Milch von tuberkulösen Tieren zurückgeführt wird." Wenn also auch die im Deutschen Reich veranstaltete Sammelforschung[2]), bei der unter Hunderten von Personen nur zwei Fälle von durch Milch perlsüchtiger Kühe entstandener Perlsuchttuberkulose beim Menschen festgestellt werden konnten, noch negativer ausgefallen wäre, so würde meines Erachtens daraus doch noch nicht der Schluß gezogen werden dürfen, daß dem Menschen durch den Genuß perlsuchtbacillenhaltiger Milch nur eine sehr geringe Gefahr drohe, denn gegenüber dem positiven Nachweis von mindestens $10\,^0/_0$ Perlsuchttuberkulosen unter den zur Sektion gekommenen mit Tuberkulose behafteten Kindern können derartige negative Resultate keine ausschlaggebende Bedeutung beanspruchen. Die bovine Infektion muß stattgefunden haben, denn die bovinen Bacillen waren vorhanden; bis uns nicht ein anderer Infektionsweg nachgewiesen wird, werden wir mit größter Wahrscheinlichkeit die Milch als den Ueberträger ansehen dürfen. Auch die englische Kommission hält an dieser Anschauung fest und nicht minder die amerikanische, deren merkwürdige Erfahrungen am Findelhaus ich schon erwähnt habe.

Bisher ist nur von dem Vorkommen der Rinderbacillen bei Kindern die Rede gewesen, und es fehlt nicht an Behauptungen, daß sie bei Erwachsenen überhaupt nicht vorkämen. Das ist ein Irrtum. Kossel, ein Hauptvertreter der Kochschen Ansichten, hat selbst schon vor Jahren einen solchen Fall mit tödlichem Ausgang beschrieben, ebenso andere Forscher, und die englische Kommission hat in 55 Fällen von Tuberkulose bei Adoleszenten und Erwachsenen 5 mal Rinderbacillen festgestellt, welche in 2 Fällen den Tod, in den anderen wenigstens Behinderung der Arbeitsfähigkeit bewirkt hatten. Dazu kommen aber bei der englischen Kommission auch noch 9 Fälle von Lupus, welche teilweise wenigstens Erwachsene betrafen.

---

1) I. Internationale Tuberkulosekonferenz. Berlin 1902. Bericht von Pannwitz. 1908. S. 348.

2) Weber, Tuberkulosearbeiten aus dem Kaiserl. Gesundheitsamt. 1910. H. 10. S. 1.

Auf diese Fälle muß ich gleich noch zurückkommen, denn sie bieten noch nach einer anderen Richtung hin ein besonderes Interesse. Hier habe ich zunächst noch einen anderen Punkt zur Sprache zu bringen. Die Gegner der Anschauung, daß die Perlsuchtbacillen auch Menschen tuberkulös machen können, haben, als sich die Fälle von nachgewiesener boviner Tuberkulose beim Menschen immer mehr häuften, sich schließlich auf die Behauptung zurückgezogen, daß die Perlsuchtbacillen bei der Lungenschwindsucht keine Rolle spielten. Koch[1]) selbst hat in Washington 1908 darauf hingewiesen, daß bisher kein Fall von Perlsuchtbacillenbefund bei menschlicher Lungenschwindsucht bekannt sei, und bemerkt: „Wenn bei weiterer Untersuchung festgestellt werden sollte, daß Lungentuberkulose ausschließlich durch den Tuberkelbacillus des humanen Typus verursacht wird, dann wird die Frage entschieden sein zugunsten des Standpunktes, den ich einnehme" usw. Wir haben schon gehört, daß Gaffky erklärt hat, „für die Schwindsucht sei nicht der Genuß von Milch perlsüchtiger Kühe, sondern die von dem Menschen ausgeschiedenen Tuberkelbacillen verantwortlich zu machen", indessen, wenn das — soweit man nach dem Bacillenbefund urteilen kann — auch der Hauptsache nach zutrifft, so hat es sich doch nicht als ausnahmslos zutreffend erwiesen, denn es sind seitdem mindestens zweimal, wahrscheinlich dreimal Tuberkelbacillen des Typus bovinus allein und einmal solche des Typus humanus und des Typus bovinus gemischt bei wiederholter Untersuchung festgestellt worden. Ich rechne dazu noch einen Fall von einem Kinde mit käsig-pneumonischen, also phthisischen Lungenveränderungen, bei welchem in meinem Institut von Beitzke nur Rinderbacillen in Bronchialdrüsen gefunden wurden. Das sind ja gegenüber den vielen hundert Fällen von Schwindsucht mit Typus humanus nur verschwindend wenige Fälle, aber sie genügen, um den Beweis zu liefern, daß auch die Rinderbacillen von der direkten Erzeugung einer Lungenschwindsucht nicht ganz ausgeschlossen sind.

Es kommt aber noch eine andere Möglichkeit in Betracht, zwar vorläufig nur eine Möglichkeit, aber doch eine Möglichkeit, die nicht ganz in der Luft schwebt. Es haben sich in der letzten Zeit die experimentellen Beweise dafür gehäuft, daß durch Ueberstehen einer tuberkulösen Erkrankung die Reaktion des betreffenden Tierkörpers gegenüber einer neuen Infektion mit virulenteren Tuberkelbacillen geändert werden kann. Ob es sich dabei um eine gewisse erworbene Immunität handelt oder um andere Vorgänge, steht noch dahin; das Wesentliche ist, daß dabei nicht nur die Art und Stärke der durch die zweite Infektion bedingten Veränderungen verändert wird, sondern auch ihre Lokalisation, und daß dabei bemerkenswerterweise bei gewissen Tieren gerade die Lungenveränderungen ganz besonders in den Vordergrund treten. So konnte ich Meerschweinchen, welche im Gegensatz zu Kaninchen bei einmaliger tödlicher Infektion mit Tuberkelbacillen keine eigentliche Lungenschwindsucht darbieten, nach vorgängiger Behandlung mit Fried-

---

1) Berl. klin. Wochenschr. 1908. Nr. 44. S. 2001.

manns Schildkrötenbacillus typisch lungenschwindsüchtig machen[1]).
Aus solchen und ähnlichen Befunden bei Experimentiertieren kann man
sicherlich keinen Rückschluß auf den Menschen machen, aber ein
Grund, an eine solche Möglichkeit zu denken, ist doch sicher vorhanden. Das käme dann etwas auf v. Behrings Theorie heraus, daß
eine im Säuglingsalter erworbene erste Infektion die Grundlage abgebe
für eine aus einer späteren Infektion hervorgehende Lungenschwindsucht. Ich habe schon in meinen für die Tuberkulosekonferenz in
Wien 1907 aufgestellten Leitsätzen[2]) bemerkt, wieweit eine zur Heilung gelangende Infektion durch sie, die Perlsuchtbacillen nämlich,
prädisponierend für Lungenschwindsucht wirken kann, bedarf noch
der weiteren Untersuchung. In der Tat halte ich es wohl für möglich, daß eine in der Kindheit überstandene Infektion mit bovinen
Bacillen in ähnlicher Weise beim Menschen wirken könnte wie die
Schildkrötenbacillen bei meinen Meerschweinchen, und daß diesem
Punkte bei den weiteren Forschungen Aufmerksamkeit geschenkt
werden muß. Sollte sich aber so etwas wirklich feststellen oder auch
nur wahrscheinlich machen lassen, welche neue ungünstige Bedeutung
würden dann die Perlsuchtbacillen für den Menschen erlangen und wie
müßte die Behauptung, daß die Lungenschwindsucht ausschließlich
durch Tuberkelbacillen des humanen Typus hervorgerufen werde, eingeschränkt werden! —

Es wurde schon im vorhergehenden von Rinderbacillen und
Menschenbacillen gesprochen und ein gewisser Gegensatz zwischen
beiden angenommen, jetzt muß ich auf die Frage, inwieweit ein
solcher Gegensatz zwischen einem Typus bovinus und einem
Typus humanus der Tuberkelbacillen besteht, noch etwas näher
eingehen.

Es ist zweifellos ein großes Verdienst der Kochschen Schüler im
Kaiserl. Gesundheitsamt gewesen, daß sie[3]) durch eingehende Untersuchungen feststellten, daß es beim Menschen Tuberkelbacillen gibt,
welche sich sowohl kulturell, als auch in bezug auf ihre Pathogenität
für Tiere in charakteristischer Weise von den bei Rindern vorkommenden Bacillen unterscheiden und welche man zweckmäßig als
Typus humanus und Typus bovinus einander gegenüberstellt. Diese
Angaben haben von allen Seiten Bestätigung gefunden und darin
stimmen nun alle Untersucher überein, daß die aus perlsüchtigem
Rindvieh zu züchtenden Tuberkelbacillen von den aus den meisten
tuberkulösen Menschen gewonnenen Tuberkelbacillen durch charakte-
ristische Merkmale zu unterscheiden sind, die zwar jedes einzelne an
und für sich nicht zur Trennung hinreichen, aber in ihrer Gesamtheit
doch eine solche in verschiedene Typen gestatten. Wenig bedeutungs-
voll sind morphologische Unterschiede der einzelnen Bacillen, denn es
kommen in dieser Beziehung in demselben Typus große Schwankungen
vor, dagegen spielen eine große Rolle Verschiedenheiten des Wachstums auf bestimmten Nährböden (der Humanus wächst rascher, er ist

---

1) Berliner klin. Wochenschr. 1906. Nr. 20.
2) VI. Internat. Konferenz. Wien 1907; Bericht von Pannwitz, S. 67.
3) Kossel, Weber und Heuss, Tuberkulosearbeiten aus dem Kais. Gesund
heitsamt. 1904. Heft 1 und 1905. Heft 3.

eugonisch, der Bovinus wächst langsamer, ist dysgonisch, nach der Bezeichnung der englischen Kommission), Verschiedenheiten des biologischen Verhaltens in bestimmten Nährböden z. B. in bezug auf Säurebildung, und vor allem auf Verschiedenheiten der Virulenz für verschiedene Tiergattungen. Während z. B. Affen, auch Anthropoide, und unter den gewöhnlichen Versuchstieren das Meerschweinchen für beide Typen gleiche Empfänglichkeit zeigen und auch in gleicher Form erkranken, verhalten sich Kaninchen und Kälber wesentlich verschieden, indem Kälber durch Bacillen des Typus humanus, auch wenn diese in großer Menge ihnen beigebracht wurden und obgleich sie monatelang lebend in dem Rindviehkörper anwesend bleiben, doch keine fortschreitende Krankheit erlangen, während bei Kaninchen die durch humane Bacillen entstehende Krankheit viel milder verläuft, so daß die Tiere durch eine Menge von 0,01 g Bacillen bei subkutaner Injektion nur eine örtliche Affektion bekommen, während sie bei gleicher Zufuhr der gleichen Menge boviner Bacillen einer fortschreitenden, tödlichen Tuberkulose zu verfallen pflegen.

Auch in bezug auf die Virulenz ist das eben Erwähnte nur die Regel, von der es aber Ausnahmen gibt. So wurden z. B. aus Rindern Bacillen gezüchtet, welche sonst den Typus bovinus darboten, während sie sich trotzdem im Experiment für Kälber wenig oder gar nicht virulent erwiesen. Immerhin kann man sagen, daß bis jetzt im perlsüchtigen Rindvieh niemals Bacillen vom Typus humanus gefunden wurden, so daß man daraus den Schluß ziehen muß, daß dem Rindvieh seitens der mit Typus humanus behafteten Menschen keine Gefahr droht, daß also das Rindvieh sich selbst mit Perlsucht ansteckt, aber nicht von der gewöhnlichen Tuberkulose des Menschen angesteckt wird. Auf der Bezeichnung „gewöhnliche" Tuberkulose des Menschen liegt der Nachdruck, denn nachdem, wie wir schon gehört haben, immer zahlreichere Fälle bekannt werden, bei denen nicht die gewöhnliche, sondern eine bovine Tuberkulose vorlag, haben sich selbstverständlich auch die Fälle gemehrt, bei denen es gelungen ist, diese Tuberkulose des Menschen auf das Rindvieh zu übertragen, welches genau so erkrankte, wie wenn es mit von Tieren stammenden Massen infiziert worden wäre. Es liegt aber hier nur eine rein bakteriologische, keine morphologische Verschiedenheit der menschlichen Tuberkulose vor, und die in der Literatur beschriebenen perlsuchtähnlichen Formen menschlicher Tuberkulose haben nur eine morphologische, nicht notwendig auch eine ätiologische Aehnlichkeit mit den Perlsuchtveränderungen der Rinder. Morphologisch ist also die menschliche Tuberkulose nach unseren jetzigen Kenntnissen eine einheitliche Erkrankung, aber ätiologisch gibt es zwei Formen, von denen die eine durch Bacillen vom Typus humanus, die andere durch solche vom Typus bovinus ausgezeichnet ist. Schon aus dieser doppelten Empfänglichkeit des Menschen für Tuberkelbacillen der beiden verschiedenen Typen ließ sich von vornherein erwarten, daß die Frage, ob die zweifellos bestehenden charakteristischen Verschiedenheiten stabile, unverrückbar feststehende seien, so dass die beiden Typen als zwei verschiedene Arten von Tuberkelbacillen anzusehen seien, zunächst vorzugsweise durch Untersuchungen der bei tuberkulösen Menschen vorkommenden Bacillen der Entscheidung entgegengeführt werden konnte und mußte.

Diese an den verschiedensten Orten unternommenen Untersuchungen haben nun das Resultat ergeben, daß es beim tuberkulösen Menschen gleichzeitig die beiden Typen von Bacillen geben kann, sei es an demselben Orte, sei es an getrennten Stellen im kranken Körper. Es ließen sich dabei aber die typisch verschiedenen Formen isolieren, ohne daß Uebergangsformen zu bemerken waren. Weiter aber wurde festgestellt, daß es noch viel häufiger und in noch viel höherem Grade wie bei den Rindern Abweichungen von dem gewöhnlichen Typus gibt, daß Bacillenstämme vorkommen, welche in dieser oder jener Beziehung wesentlich von den typischen abweichen. Auch aus dem Material meines Instituts sind von Frau L. Rabinowitsch derartige abweichende Stämme gezüchtet worden, für welche die Forscherin den Namen „atypische Stämme" eingeführt hat[1]), den ich für besser halte als den von der englischen Kommission benutzten „intermediäre Formen", da gerade diese Kommission außer intermediären auch solche Stämme vom Menschen gezüchtet hat, welche mit ihren Eigenschaften nicht eigentlich zwischen dem Typus bovinus und humanus stehen, sondern ganz aus den beiden Typen herausfallen, indem z. B. für Affen und Meerschweinchen die Virulenz geringer gefunden wurde, als sie es bei den typischen Formen, sei es bovinen oder humanen, ist.

Diese Befunde wurden bei Lupuskranken gemacht und verdienen die allergrößte Beachtung, weil sie mit der Lehre von einer stabilen Verschiedenheit des Typus bovinus und Typus humanus nicht in Einklang zu bringen sind. Dabei haben die englischen Forscher gefunden, daß diese atypischen Stämme unter ihren Lupusfällen bei weitem die Majorität bildeten, denn bei 20 Lupuskranken verschiedenen Alters und Geschlechts und mit verschieden langer Dauer der Krankheit konnten nur 3 mal regelrechte Bacillentypen, 2 mal Typus humanus, 1 mal Typus bovinus, nachgewiesen werden, 17 mal dagegen abweichende Formen, die 8 mal mehr dem bovinen, 9 mal mehr dem humanen Typus sich näherten, aber auch unter sich wieder Verschiedenheiten darboten. Schon dieser Umstand läßt keinen Zweifel darüber, daß es sich nicht um neue, besondere Typen handelt, sondern, wie die englische Kommission annimmt, um Modifikationen der gewöhnlichen Typen. Dafür spricht aber auch eindringlich der weitere Umstand, daß es den englischen Forschern gelang, bei mehreren dieser Bacillenstämme (4 dem Typus bovinus, 1 dem Typus humanus nahestehenden) die Eigenschaften (und zwar die Virulenz) zu verändern, also neue Modifikationen zu erzeugen und bei zweien der den bovinen Bacillen nahestehenden durch längeren Aufenthalt in einem Kaninchen im einen, durch mehrmaligen Durchgang durch Kälber und längeren Aufenthalt in diesen im anderen den Bacillen die typische Virulenz der Rinderbacillen anzuzüchten. Dies ist eine Tatsache von der allergrößten Wichtigkeit, denn sie erschüttert die Lehre der Kochschen

---

[1]) Berliner klin. Wochenschr. 1906. Nr. 24 und Arbeiten a. d. Pathol. Institut zu Berlin, Festschrift. 1906. S. 365.

Schule von der völligen Verschiedenheit der beiden Bacillentypen bis in die Grundfesten hinein. Wenn es Modifikationen dieser Typen, wenn es Uebergangsformen gibt, wenn man künstlich aus einzelnen wenigstens dieser Modifikationen typische Formen erzeugen kann, so können die Rinder- und gewöhnlichen Menschenbacillen nicht als zwei verschiedene Arten gelten, so kann, auch ganz abgesehen von der typischen bovinen Tuberkulose des Menschen, eine scharfe Trennung zwischen der menschlichen und der Rindviehtuberkulose nicht gemacht werden, d. h. die Lehre von der Einheit der Menschen- und der Rindertuberkulose muß wieder hergestellt werden, und es darf nicht mehr von zwei verschiedenen, wenn auch verwandten Krankheiten, sondern nur noch von verschiedenen Modifikationen einer und derselben Krankheit gesprochen werden.

Wenn dem aber so sein sollte, so müßte es auch möglich sein, die Modifikationen, die Uebergangsformen, mit einem Wort, die atypischen Stämme selbst aus den typischen künstlich zu erzeugen. Das gelingt noch nicht ohne weiteres. Wie die englischen Forscher bei einem Teil ihrer atypischen Lupusbacillenstämme eine Aenderung der Eigenschaften, eine weitere Modifikation nicht haben erzielen können, so ist es ihnen auch nicht einmal gelungen, aus typischen atypische Stämme zu erzeugen. Gleiche Resultate haben auch andere Forscher gehabt, aber abgesehen von älteren Angaben, z. B. von von Behring, sind sehr beachtenswerte neue Untersuchungen, insbesondere von Eber, bekannt geworden, welche mit Bestimmtheit beweisen, daß es unter Umständen gelingt, aus schwindsüchtigen Menschenlungen gewonnene Bacillenstämme aus typisch humanen in typisch bovine umzuwandeln. Eber[1]) hat von 7 von schwindsüchtigen Menschen stammenden, die Eigenschaften des Typus humanus darbietenden Stämmen durch fortgesetzte Uebertragungen auf Tiere drei derart umwandeln können, daß sie nicht nur die Virulenz, sondern auch die Wachstumseigenschaften des Typus bovinus darboten. Es kann bei solchen Experimenten eine Reihe von Fehlerquellen vorhanden sein, es könnten u. a. von vornherein beide Typen vorhanden gewesen sein, von denen der vielleicht in der Minderzahl gewesene Rinderbacillus allmählich den menschlichen überwucherte, so wie es die englische Kommission unter Abänderung ihrer früheren Ansicht bei ihren anscheinend positiv ausgefallenen Variationsversuchen mit typischen Stämmen annimmt, aber bei den Eberschen Versuchen erscheint diese Erklärung ausgeschlossen. Daß Eber einen besonderen Infektionsmodus benutzt (gleichzeitig subkutane und intraperitonäale Injektion der Bacillen), kann nicht in Betracht kommen, denn es handelt sich nicht hauptsächlich darum, ob leicht oder schwer, ob auf einfachem oder kompliziertem Wege die Ueberführung des einen in den anderen Typus möglich ist, sondern zunächst um die Grundfrage, ob eine solche Variation überhaupt künstlich herbeizuführen ist. Sehr bemerkenswert ist dabei, daß es Eber nur einmal bei Bacillen vom Typus humanus, welche aus Kniegelenksgranulationen eines neunjährigen Kindes stammten, geglückt ist, bloß durch Uebertragung einer

---

1) Zentralbl. f. Bakteriol. (Originale.) 1911. Bd. 59. H. 3. S. 193.

Reinkultur auf Kälber eine Umwandlung in Typus bovinus zu erzielen, während ihm dies in 3 Fällen mit Bacillen aus schwindsüchtigen Lungen nur gelang, wenn er tuberkulöses Material von den geimpften Meerschweinchen übertrug. Bei einem dieser Stämme, .dessen Reinkultur kein Resultat gab, wurde ein solches erzielt, als mit dieser Reinkultur infiziertes Meerschweinchenmaterial zur Uebertragung verwendet wurde, ein Beweis, daß nicht etwa von dem kranken Menschen stammende Stoffe zur Erlangung der positiven Resultate notwendig sind.

Für mich sind diese Feststellungen um so interessanter, als es mir vor 10 Jahren schon geglückt ist, auf ähnlichem Wege ein Kalb mit Bacillen aus schwindsüchtiger menschlicher Lunge tuberkulös zu machen. Ich hatte erst ein Meerschweinchen infiziert, dann aus diesem Bacillen rein kultiviert, mit einer Reinkultur ein Kaninchen infiziert und nun durch Uebertragung von Stückchen einer tuberkulösen Niere dieses Kaninchens ein Kalb infiziert, welches an einer fortschreitenden Tuberkulose erkrankte.

Sollten auf solche oder andere Weise noch öfter gleiche Resultate erzielt werden, so wäre die Dualitätslehre ihrer Hauptstütze beraubt, es bliebe aber immer noch die Tatsache bestehen, daß die Bacillen der Perlsucht und diejenigen der gewöhnlichen Menschentuberkulose typische Verschiedenheiten darzubieten pflegen. Koch selbst legte, wie er in Washington 1908 äußerte, auf die Frage, ob es sich dabei um Arten oder nur um Varietäten handele, gar keinen Wert, er bestritt gar nicht, daß eine kulturelle Umwandlung möglich sei, behauptete aber, das sei für die Beurteilung der praktischen Bedeutung der Perlsucht ganz gleichgültig, denn der Mensch könne sich eben nur mit dem beim Rinde allein vorkommenden reinen Typus bovinus vom Tiere aus infizieren, praktisch habe man es nur mit ihm zu tun. Das ist schon richtig, allein ich kann trotzdem den Kochschen Standpunkt nicht teilen. Wie ich schon ausgeführt habe, können wir die Größe der Gefahr, welche dem Menschen von den tuberkulösen Tieren droht, nur bestimmen aus der Häufigkeit, mit der man vom Rindvieh herzuleitende Bacillen beim tuberkulösen Menschen findet. Wenn man die Möglichkeit einer kulturellen Umwandlung von Typus humanus in Typus bovinus zugeben muß, so muß man auch die Möglichkeit einer Umwandlung von Typus bovinus in Typus humanus zugeben, und es ist, mag auch der bovine Typus jahrelang im Menschen sich rein erhalten können, doch kein Grund ersichtlich, warum eine solche Umwandlung nicht auch im Menschen vor sich gehen könne, vielleicht nicht sofort, sondern etwa nach mehrmaliger Uebertragung. Die aufgefundenen atypischen Stämme könnten solche in der Umwandlung aus bovinem in den humanen Typus begriffene Stämme sein. Wenn dem aber so wäre, so würde sofort die Zahl der Fälle, bei welchen eine Tuberkulose bei Menschen vom Rindvieh stammen könnte, beträchtlich in die Höhe schnellen und die Bedeutung also der Rindviehtuberkulose für den Menschen eine erheblich größere sein, als sie aus dem Befunde reiner Bovinusstämme beim Menschen erschlossen werden könnte. Erst recht aber würde die Perlsucht an Bedeutung gewinnen, wenn man damit rechnen müßte, daß mindestens ein Teil der Stämme vom Typus humanus umgewandelte, dem Menschen akkommodierte Bovinusstämme wären. Nach der Größe der Gefahr richtet sich aber die praktische Bedeutung der Perlsucht und die Dringlichkeit ihrer Bekämpfung.

Ueberschauen wir noch einmal das vorliegende tatsächliche Material, so kommen wir zu folgenden Schlußfolgerungen:

Es ist richtig, daß es zwei Typen von Tuberkelbacillen gibt, von denen der eine dem Rindvieh, der andere dem Menschen eigentümlich ist; es ist aber nicht nachgewiesen, im Gegenteil nach den neuesten Untersuchungen besonders des Lupus und nach den Resultaten neuerer Experimente unwahrscheinlich, daß es sich dabei um zwei verschiedene, mit bleibenden Eigenschaften versehene, also nicht zusammenhängende Organismen handelt; es ist richtig, daß der typische genuine menschliche Tuberkelbacillus nicht für Rinder pathogen ist, es ist aber ebenso richtig, daß das Gegenteil nicht der Fall ist, daß vielmehr der typische Rinderbacillus auch den Menschen krank machen kann; die Behauptung, die Rindertuberkulose könne nicht auf den Menschen übertragen werden, ist also ebenso falsch wie die andere, daß Tuberkulose überhaupt vom Menschen auf Rindvieh nicht experimentell übertragen werden könne, denn es gibt eine bovine Tuberkulose beim Menschen. Es ist richtig, daß diese bovine Tuberkulose, die vielleicht nur eine Modifikation der genuinen menschlichen Tuberkulose ist oder umgekehrt, vorzugsweise im Kindesalter vorkommt, es ist aber nicht richtig, daß sie nur bei Kindern vorkomme. Es ist richtig, daß die durch bovine Bacillen erzeugte Menschentuberkulose häufig nur lokale, wenig progrediente Veränderungen erzeugt, es ist aber nicht richtig, daß sie von ganz geringfügiger Bedeutung sei, denn es sind eine ganze Anzahl von Fällen bekannt, in denen Rinderbacillen den Tod von Menschen herbeigeführt haben. Es ist richtig, daß die überwiegende Mehrzahl der Lungenschwindsüchtigen bei der Untersuchung Bacillen vom Typus humanus zeigt, es ist aber nicht richtig, daß die Lungenschwindsucht ausschließlich durch Bacillen vom Typus humanus erzeugt wird, und es besteht die Möglichkeit, daß auch in den gewöhnlichen Fällen ein boviner Bacillus, sei es durch Erzeugung einer Disposition zu Lungenschwindsucht, sei es durch Umwandlung, eine Rolle spielt. Es ist richtig, daß bei der Bekämpfung der Tuberkelbacillen und der Tuberkulose der Kampf in erster Linie gegen die Bacillen, welche vom Menschen stammen und in der größten Mehrzahl aller Fälle dem Typus humanus angehören, gerichtet werden muß, es ist aber nicht richtig, daß man den Menschen nicht gegen die vom Rinde stammenden Bacillen besonders zu schützen brauche, da die von ihnen drohende Gefahr zu gering sei, ganz im Hintergrunde stehe. Sind die beiden Bacillentypen nur Modifikationen derselben Art, können, wie es im Experiment bei Rindern mit Menschenbacillen geglückt ist, so auch beim Menschen umgekehrt aus Rinderbacillen solche vom Typus humanus werden, worauf die atypischen Formen hindeuten, so ergibt sich die große Gefährlichkeit der Rindertuberkulose für den Menschen ganz von selbst, aber auch wenn man zwei scharf getrennte Typen anerkennt, bleibt die Tatsache bestehen, daß typische Rinderbacillen den Menschen krank machen und töten können und daß, von dem Lupus ganz abgesehen, die Zahl der an

boviner Tuberkulose leidenden Menschen nicht gering ist, da bei einem
Prozentsatz von auch nur 10 % unter den Zehntausenden von tuberkulösen Kindern Tausende von Perlsuchtkranken vorhanden sein müssen.
Und wie nun, wenn sich als tatsächlich herausstellt, was vorläufig nur
als Möglichkeit gelten kann, daß Ueberstehen einer Perlsuchtinfektion
in der Jugend die Disposition zu einer chronischen Lungenschwindsucht verleiht oder doch verleihen kann, wer möchte dann noch sagen,
für die Bekämpfung der Tuberkulose als menschliche Volkskrankheit
sei der Kampf gegen die Produkte tuberkulösen Rindviehes ganz in
den Hintergrund zu stellen?! Wozu gründet man denn eine Gesellschaft zur Bekämpfung des Lupus, der nach der englischen Kommission in 45 % durch typische oder atypische bovine Bacillen erzeugt wird, wenn man nicht die Hauptquelle für bovine Bacillen, die
bacillenhaltigen Produkte perlsüchtigen Viehes, mit Energie bekämpfen will?

Die Aufgaben für die Zukunft ergeben sich von selbst. Im
Vordergrund steht die Frage der Variabilität der beiden Bacillentypen;
es müssen die atypischen Formen genau erforscht, es müssen mit
ihnen vor allem Umzüchtungsversuche gemacht werden, es müssen
die Versuche, typische menschliche Bacillen in atypische oder gar in
typische bovine umzuwandeln, fortgesetzt, und es muß versucht werden,
bovine zu modifizieren oder in humane umzuwandeln, es muß in allen
Ländern der Lupus bakteriologisch studiert werden, es müssen die
Forschungen über die Häufigkeit des Vorkommens boviner Bacillen-
formen bei Kindern und Erwachsenen, insbesondere bei schwindsüchtigen Erwachsenen, fortgesetzt werden, es muß Material für die
Frage, ob Perlsuchtinfektion in der Kindheit Beziehungen zu späterer
Lungenschwindsucht hat, herbeizuschaffen versucht werden, es muß
weiter geforscht werden über die Wege, auf welchen Bacillen von
Tieren, insbesondere Kühen, in den menschlichen Körper hinein-
gebracht werden.

In der Bekämpfung der Tuberkulose darf auch in Zukunft
nichts versäumt werden, was dazu beitragen kann, die Zahl der Tuberkelbacillen zu vermindern und die Uebertragung von Bacillen auf Menschen
zu verhindern. Die Uebertragung von Mensch zu Mensch spielt sicher
eine hervorragende Rolle, vom Menschen stammende Bacillen, wie sie
besonders im Auswurf enthalten sind, müssen daher in erster Linie
unschädlich gemacht, ihre Uebertragung auf andere Menschen muß
durch geeignete Vorkehrungen soviel wie möglich erschwert werden.
Aber daneben darf auch der Kampf gegen die Rindviehbacillen nicht
gering geachtet werden, wobei sowohl auf die Verminderung der Perlsucht beim Vieh als auch auf die Verhinderung der Uebertragung
lebender Rinderbacillen auf den Menschen durch sanitässpolizeiliche
Maßnahmen gegenüber dem Kadaver sowie gegenüber der Milch und
den Milchprodukten Bedacht zu nehmen ist. Nach allem, was ich
dargelegt habe, kann ich mit Kleine[1]), der offenbar den Standpunkt
des Instituts für Infektionskrankheiten vertritt, nicht übereinstimmen,
wenn er schreibt: „So wünschenswert und wichtig auch im Interesse

---

1) Zeitschr. f. Hyg. u. Infekt. 1906. Bd. 52. S. 512.

der Landwirtschaft alle Maßnahmen zur Ausrottung der Perlsucht sein mögen, eine Herabminderung der menschlichen Tuberkulose wird durch sie nicht erzielt werden." Etwas anders drückt Kossel einen ähnlichen Gedanken aus in den Worten[1]): „Gelänge es wirklich, durch prophylaktische Maßnahmen die Gefahr der Infektion aus tierischer Quelle völlig zu verhüten, so würde die Tuberkulose immer noch dieselbe verheerende Volkskrankheit bleiben". Nach Wegfall der bovinen Krankheitsfälle würde die Tuberkulose beim Menschen zwar nicht mehr dieselbe, aber sicherlich noch eine verheerende Volkskrankheit bleiben; aber eine mit allen Mitteln zu bekämpfende Volkskrankheit (Kindertuberkulose, Lupus) würde noch übrigbleiben, auch wenn alle Bacillen vom Typus humanus vernichtet wären, denn es kann die Tuberkulose unter dem Menschengeschlecht nicht verschwinden, solange noch immer von neuem Perlsuchtbacillen von Tieren auf den Menschen übertragen werden können.

---

1) Deutsche med. Wochenschr. 1911. Nr. 43.

II.

Ueber tuberkulöse Reinfektion und ihre Bedeutung für die Entstehung der Lungenschwindsucht.

(16. Januar 1913.)

In meinem vorjährigen Vortrage habe ich ganz kurz auch der Möglichkeit gedacht, daß Ueberstehen einer Perlsuchtinfektion in der Jugend die Disposition zu einer chronischen Lungenschwindsucht verleiht oder doch verleihen kann. Ich habe damit zwei Fragen berührt, mit denen ich mich heute etwas eingehender beschäftigen will, nämlich die Frage der tuberkulösen Reinfektion im allgemeinen und die Frage nach der Bedeutung einer Reinfektion für die Entstehung der Lungenschwindsucht der Erwachsenen im besonderen.

Unter tuberkulöser Reinfektion versteht man heute zweierlei: 1. die exogene Reinfektion, bei der ein bereits tuberkulöses Individuum durch neuen Import von Tuberkelbacillen von außen her eine neue Infektion erfährt und 2. die endogene Reinfektion, bei der das tuberkulöse Individuum sich gewissermaßen selbst von neuem infiziert, aber mit Bacillen, welche schon in dem Körper vorhanden waren. Man sieht ohne weiteres, daß ein gewaltiger Unterschied zwischen diesen beiden Arten von Reinfektion besteht, da es sich in dem ersten Falle um eine Neuerkrankung handelt, während in dem zweiten nicht eine Neuerkrankung, sondern nur eine Verschlimmerung einer schon bestehenden Krankheit vorliegt. In dem zweiten Fall ist eine direkte Kontinuität zwischen zweiter und erster Infektion und ihren Folgen vorhanden, im ersten Falle besteht ein solcher Zusammenhang nicht. Das gilt nicht nur für die krankhaften Organveränderungen, sondern das gilt vor allem auch für die die Infektion·bedingenden Bacillen. Bei endogener Infektion wird die zweite Erkrankung, wenn nicht ganz besondere, ungewöhnliche Verhältnisse (Mischinfektion durch humane und bovine Bacillen) vorliegen, nicht nur durch dieselbe Bacillenart, sondern auch durch denselben Bacillenstamm wie die erste Infektion hervorgerufen; die Bacillen, welche die Reinfektion bewirken, sind die direkten Nachkommen der ersten Eindringlinge in den Körper. Ganz anders bei der exogenen Reinfektion. Auch bei ihr kann freilich derselbe Bacillenstamm in Frage kommen, wenn z. B. ein Nachkomme nicht nur seine erste, sondern auch seine Reinfektion von demselben tuberkulösen Vorfahr oder auch von einer nicht verwandten Person erfahren hat, jedoch niemals handelt es sich dabei, wie bei der endogenen Reinfektion, um direkte Nachkommen der bei der ersten Infektion beteiligt gewesenen Tuberkelbacillen. Aber nicht nur das, sondern es können bei der exogenen Reinfektion auch andere Stämme derselben Bacillenart, ja es können andere Tuberkelbacillenarten in Betracht kommen. Man könnte von vornherein geneigt sein, zu glauben, daß die im eigenen Körper gewachsenen Bacillen durch eine Art Akklimatisation gefährlicher seien als neu in den Körper überpflanzte, aber die Gefahr hängt nicht nur von den Bacillen ab, sondern auch von ihrem Wirt; nicht nur die Bacillen passen sich dem Wohntier an, sondern der Bacillenträger auch den Bacillen; können auf der einen Seite die Angriffswaffen der Bacillen sich ändern, so können auf der anderen Seite auch die Verteidigungswaffen des Wohntieres sich ändern, beide im positiven wie im negativen Sinne. Diese Aenderungen können sich wiederholen und brauchen keineswegs immer im gleichen Sinne zu erfolgen. Es kann also die Virulenz der Bakterien zu-, aber auch wieder abnehmen, es kann die Widerstandskraft des Wirtstieres unabhängig davon ebenfalls zu- oder abnehmen.

Für den Wechsel der Virulenz desselben Bacillenstammes besitzen wir direkte Beweise, z. B. wurden bei einem seit seinem 2. Lebensjahre mit Knochentuberkulose behafteten Kinde zwischen seinem 8. und 13. Lebensjahre fünfmal Bakterienkulturen gewonnen, die zwar immer einen bovinen Stamm ergaben, aber mit wechselnder Virulenz derart, daß nach weniger virulenten Generationen bei der letzten Untersuchung wieder Bacillen mit sehr starker Virulenz gefunden wurden.

Es ist aber nicht nur die Virulenz der Bacillen, welche bei der endogenen Reinfektion in Betracht kommt, sondern die Gunst oder Ungunst ihrer Verbreitungsmöglichkeit. Es ist schon lange bekannt, daß latente oder doch örtlich begrenzte Erkrankungen im unmittelbaren Anschluß an Aenderung der örtlichen Verhältnisse plötzlich mit einer fortschreitenden, ja allgemeinen Tuberkulose sich verbanden, die dann sogar innerhalb kürzester Zeit den Tod herbeizuführen vermochte. So ist es wiederholt beobachtet worden, daß an eine lokalisierte Knochen- oder Gelenktuberkulose im Anschluß an einen operativen Eingriff eine tödliche allgemeine Miliartuberkulose sich anschloß, daß aus einer latenten Bronchialdrüsentuberkulose im Anschluß an eine akute Lungenerkrankung (z. B. bei Masern) eine fortschreitende örtliche oder eine allgemeine, selbst tödliche Tuberkulose geworden ist, so haben schon 1891 unabhängig voneinander Virchow und ich darauf hingewiesen, daß durch die damals üblichen Dosen des Kochschen Tuberkulins Bacillenherde gewissermaßen aufgerührt werden könnten, so daß eine fortschreitende und selbst tödliche frische Tuberkulose entstehe. Koch hat solche Aeußerungen einmal törichte Befürchtungen genannt, neuere Untersuchungen haben uns aber recht gegeben.

In solchen Fällen — und ich habe hier die Zahl der Möglichkeiten längst nicht erschöpft — liegt die Ursache der eingetretenen Reinfektion mehr oder weniger klar zutage, in anderen Fällen sind es anatomische Lokalisationen des örtlichen tuberkulösen Prozesses, Erkrankung von Venen- oder Lymphgefäßwandungen, welche den Einbruch größerer Bacillenmengen in das Blut und damit die Ueberschwemmung des ganzen Körpers mit Bacillen und den Ausbruch einer akuten allgemeinen disseminierten Miliartuberkulose erklären, aber daneben gibt es Fälle genug, bei denen man nicht den Grund zu dieser Reinfektion, ja nicht einmal den Ort, von wo sie ausgegangen ist, festzustellen vermag, wenigstens nicht im einzelnen, sondern nur im allgemeinen oder nur vermutungsweise. Wenn man bei einem Kinde eine Reinfektion findet, welche, wie so häufig, durch eine tuberkulöse Gehirnhautentzündung den Tod in kürzester Zeit herbeigeführt hat, und von alten Veränderungen nur eine tuberkulöse Lymphdrüse oder eine Gruppe von solchen, so wird man im allgemeinen annehmen dürfen, daß von solchen Drüsen die Reinfektion ausgegangen ist, aber auch bei Erwachsenen kommen solche schnell tödlichen — meist auch mit Hirnhautentzündung einhergehenden Reinfektionen vor, bei denen ausgedehntere Organveränderungen vorhanden sind, insbesondere Lungenveränderungen, die in das Gebiet der Lungenschwindsucht, der Phthisis pulmonum, hineingehören. Vor langen Jahren — fast ein Menschenalter ist darüber verflossen — bin ich schon einmal auf diese Frage eingegangen[1]) und habe gegenüber anders lautenden Angaben und Anschauungen die Annahme verteidigt, daß zu einer chronischen Lungenschwindsucht eine frische disseminierte Miliartuberkulose sich hinzugesellen könne, welche aus dieser hervorgegangen sei. Obwohl damals der Tuberkelbacillus noch nicht entdeckt war, habe ich doch schon mit einem spezifischen, organisierten Infektionsstoff gerechnet und erklärt, daß die Lungenschwindsucht und die Miliartuberkulose durch dieselbe Ursache erzeugt würden, daß sie also nur als verschiedene Wirkungsformen eines und desselben Giftes anzusehen seien. Unausgesprochen habe ich also schon damals eine tödliche Reinfektion von einer chronisch schwindsüchtigen Lunge aus für vorkommend erklärt, und ich bin in dieser Anschauung im Laufe der Zeit immer mehr befestigt worden, da ich stets neue Fälle von Auftreten akuter Verschlimmerungen und schnell tödlicher allgemeiner Tuberkulose bei Schwindsüchtigen habe feststellen können, wie ich das in meinen in den Charité-Annalen erschienenen Jahresberichten über das Leichenhaus des Charité-Krankenhauses wiederholt bewiesen habe[2]).

In allen diesen Fällen liegt kein Grund vor, eine andere Quelle für die Reinfektion zu suchen, als die sich von selbst als solche darbietenden chronisch tuberkulösen Veränderungen, d. h. es liegt kein Grund vor, eine andere als eine endogene Reinfektion anzunehmen. Anders liegt die Sache, wenn neben einer ganz frischen Tuberkulose nur ein ganz alter, verkalkter Tuberkuloseherd gefunden wird. Erst dieser Tage kam die Leiche eines 5jährigen Kindes zur Sektion (Nr. 19, 1913)

---

1) Orth, Zur Frage nach den Beziehungen der sogenannten akuten Miliartuberkulose und der Tuberkulose überhaupt zur Lungenschwindsucht. Berliner klin. Wochenschr. 1881. No. 42.

2) Bericht für 1904, Charité-Annalen. XXX; Bericht für 1905, Charité-Annalen. XXXI u. a.

mit einer ganz frischen, tuberkulösen Basilarmeningitis, welche den Tod herbeigeführt hatte. Trotz sorgfältigster Nachforschung fand sich von älteren tuberkulösen Veränderungen nichts als ein etwa hanfkorngroßer, völlig verkalkter Herd in einer Mesenterialdrüse. Selbst angenommen — was aber bekanntlich auch nicht über jeden Zweifel erhaben ist, sondern erst bewiesen werden muß —, daß es sich hier um das Resultat einer früheren tuberkulösen Infektion gehandelt hat, ist man dann berechtigt, hier die Quelle der Reinfektion, welche in kürzester Zeit den Tod herbeigeführt hat, zu sehen?

Daß die neue tuberkulöse Erkrankung nur die weiche Hirnhaut betroffen hat, würde dem nicht im Wege stehen, denn darüber besteht jetzt wohl allgemeine Uebereinstimmung, daß die Ansiedelung im Blute vorhandener Tuberkelbacillen zum wesentlichen Teil von Gunst oder Ungunst örtlicher Verhältnisse abhängt. Aber wie soll man den Uebertritt von Bacillen aus dem alten Herd in das Blut — nur auf dem Blutwege könnte doch die Infektion der Hirnhaut entstanden sein —, wie soll man sich die Entstehung der Bacillämie erklären? Der alte Herd war so hart, daß er nur mit großer Gewalt zerkleinert werden konnte, keinerlei frische Veränderung irgendwelcher Art war in seiner Umgebung zu sehen, kurzum, es war nicht die mindeste Andeutung einer neuerlichen Aenderung der örtlichen Verhältnisse gegeben, was berechtigt also zu der Annahme, daß von hier die Reinfektion ausgegangen sei? Zu einer endogenen Reinfektion sind vorhandene Bacillen nötig, dürfen wir ohne weiteres annehmen, daß in dem verkalkten Drüsenherd noch lebende und gar stark virulente Bacillen vorhanden waren? Ein solches Recht haben wir durchaus nicht, denn es ist längst bekannt, daß in solchen alten Kalkherden die Bacillen völlig fehlen können. In dem erwähnten neuen Falle hat die Untersuchung begonnen, wie sie ausfallen wird, steht dahin[1]); ich habe aber mit Unterstützung von Prof. Lydia Rabinowitsch auch neuerdings wieder in Fällen akuter Tuberkulose solche alten Herde untersucht und durch Meerschweinchenversuche nur in einem Teile die Anwesenheit lebender pathogener Bacillen festgestellt. Alles zusammengenommen muß man doch sagen, daß in den charakterisierten, keineswegs ungewöhnlichen Fällen von Reinfektion die größere Wahrscheinlichkeit dafür spricht, daß es sich nicht um eine endogene, sondern um eine exogene Reinfektion handelt.

Um nicht nur zu Wahrscheinlichkeiten, sondern zu festgestellten Tatsachen zu kommen, bietet sich ein Weg der Untersuchung dar, den ich in Gemeinschaft mit Frau Rabinowitsch beschritten habe, nämlich die kulturelle und biologische Feststellung der Art der in den alten und in den frischen tuberkulösen Herden vorhandenen Bacillen. Es kann sich dabei nur um die Feststellung der Art, des Typus der Bacillen handeln, nicht um die Unterscheidung verschiedener Stämme desselben Typus, da, wie wir schon gehört haben, die Virulenz desselben Stammes sehr wechseln kann, und das gilt nicht nur in bezug auf Zeit, sondern auch in bezug auf den Ort: in einem tuberkulösen Körper kann der gleiche Stamm sehr verschiedene Virulenz darbieten,

---

1) Die Untersuchung ist positiv ausgefallen; in der Lymphdrüse befanden sich noch kultivierbare Tuberkelbazillen. Der Typus ist noch nicht festgestellt.

je nach der Körperstelle, von welcher die Bacillen entnommen sind.

Aber das Suchen nach verschiedenen Bacillentypen schien nicht aussichtslos, seitdem darüber bei wirklich Sachverständigen kein Zweifel mehr bestehen kann, daß Rinderbacillen für den menschlichen Körper nicht·unschädlich sind, daß vielmehr ein recht erheblicher Prozentsatz von Tuberkulosen des Menschen, insbesondere des Kindes, durch den Typus bovinus erzeugt worden ist. Wenn es gelänge, in Fällen von Reinfektion in dem alten Herde einen anderen Typus von Bacillen nachzuweisen als in den frischen, so würde für die Annahme einer exogenen Reinfektion eine wichtige tatsächliche Grundlage gewonnen sein. Freilich würde auch in die Auffassung dieser Fälle die Frage der Umwandlung eines Bacillentypus in einen anderen hineinspielen, aber abgesehen davon, daß diese Frage, besonders soweit es sich um die Umwandlung des Rinderbacillentypus in den menschlichen innerhalb des menschlichen Körpers handelt, noch ganz ungeklärt ist und sogar recht viele Beobachtungen dagegen sprechen, würde eine etwaige Umwandlung in den genannten Fällen überhaupt nicht in Frage kommen können, weil ja auf der einen Seite ein ausgesprochener Typus bovinus, auf der anderen Seite ein ausgesprochener Typus humanus vorausgesetzt worden ist und ein Uebergang des einen Typus in den anderen sicherlich nicht plötzlich innerhalb des Blutes oder in den frischen tuberkulösen Krankheitsherden vor sich gehen kann. Der Befund zweier ausgesprochen verschiedener und räumlich getrennter Typen in·alten und frischen tuberkulösen Herden kann auch kaum als Mischinfektion aufgefaßt werden, sondern würde meines Erachtens eine exogene Reinfektion mit ziemlicher Sicherheit beweisen.

Unsere Untersuchungen sind noch nicht ausgedehnt genug, um jetzt schon etwas Abschließendes darüber sagen zu können, allein wir haben doch wenigstens schon einen Fall, bei dem tatsächlich zwei verschiedene Typen, und zwar jeder rein und an einer anderen Stelle, gefunden worden sind.

Es handelt sich (Sekt. Nr. 166, 1912) um eine 21 jährige Person mit einer Lungentuberkulose, welche durch eine ausgedehnte frische tuberkulöse Pneumonie ausgezeichnet war. An der rechten Lungenwurzel saß eine ganz verkalkte Lymphdrüse. Aus dieser Drüse wurde nach dem Verhalten bei der Kultur und gegenüber Kaninchen ein boviner, aus den pneumonischen Lungenteilen ein humaner Bacillenstamm gezüchtet.

Der Fall läge verhältnismäßig einfach, wenn nicht noch von einer dritten Stelle ein boviner Bacillus gezüchtet worden wäre, nämlich aus der Galle. Dieser Befund bietet für die Erklärung große Schwierigkeiten, besonders da über das Vorkommen von Tuberkelbacillen in der Galle noch nicht genügend zahlreiche und systematische Untersuchungen gemacht worden sind. Ueber eine kleine in meinem Institut angestellte Untersuchungsreihe wird Frau Rabinowitsch demnächst berichten, hier kann ich nicht weiter auf diese Frage und den erwähnten Fall eingehen, für meine jetzigen Zwecke genügt die Feststellung, daß in einer offenbar von einer ersten Infektion her tuberkulösen Lymphdrüse ein anderer Bacillentypus als in einem frischen, also durch Reinfektion entstandenen Herde gefunden wurde.

Die neue Erkrankung muß also auf eine exogene Reinfektion zurückgeführt werden.

Die Reinfektion betraf in diesem Falle die Lunge und hatte Veränderungen erzeugt, wie sie besonders bei der Lungenschwindsucht die hauptsächliche Rolle spielen; der Fall leitet mich also zu dem zweiten Teile meiner Besprechung, nämlich zu der Frage nach der Bedeutung der Reinfektion für die Lungenschwindsucht, über, doch möchte ich zuvor noch einen wichtigen allgemeinen Punkt erörtern, der nicht nur für die Reinfektionsfrage im allgemeinen, sondern auch für die Lungenschwindsuchtsfrage im besonderen von der größten Wichtigkeit ist.

Es handelt sich darum, ob durch eine einmalige tuberkulöse Infektion eine Immunität gegenüber neuer Infektion erworben wird.

Es ist bekannt, daß bei zahlreichen infektiösen Krankheiten einmaliges Ueberstehen eines Krankheitsanfalles gegen erneute Erkrankung in gewissem Maße und für eine gewisse Zeit schützt. Das gilt nicht nur für akute Infektionskrankheiten, sondern auch für solche mit chronischem Verlauf wie die Syphilis. Es liegt deshalb der Gedanke nicht fern, daß auch für die Tuberkulose, welche der Syphilis ja in vieler Beziehung nahesteht, Aehnliches gilt.

Daß durch eine einmalige tuberkulöse Erkrankung im Körper von Tieren eine Aenderung konstitutioneller Art, gewissermaßen eine Umstimmung gegenüber einer erneuten exogenen Infektion herbeigeführt wird, das hat zuerst von Behring für das Rindvieh erkannt und nutzbar zu machen gesucht; kein Geringerer als Robert Koch hat die ersten anatomischen Beweise beigebracht, indem er zeigte, daß die Vorgänge, welche sich an der Haut und dem Unterhautgewebe nach Einimpfung von Tuberkelbacillen abspielen, andere sind bei der Impfung eines schon tuberkulösen als eines noch gesunden Meerschweinchens und daß sie vor allem in diesem Falle lokal bleiben, zur örtlichen Ausheilung kommen, keine progrediente tuberkulöse Erkrankung auslösen. Wenn das bei dem für tuberkulöse Infektion so äußerst empfänglichen Meerschweinchen geschieht, so durfte man wohl annehmen, daß auch beim Menschen eine derartige Umstimmung mit erhöhter Widerstandsfähigkeit eintreten kann, um so mehr, als bei anderen, an und für sich für Tuberkulose weniger empfänglichen Tieren eine überstandene tuberkulöse Erkrankung einen hohen Schutz gegen Reinfektion gewährt. Es wäre also aus diesem Gesichtspunkt eine frühzeitig im Leben eingetretene tuberkulöse Infektion mit geringen Folgen als ein günstiges Ereignis zu betrachten, da dadurch ein Schutz gegen Reinfektion gewonnen wird. Einer exogenen Reinfektion sind aber Angehörige der Kulturvölker, insbesondere die in Städten lebenden Menschen, ununterbrochen ausgesetzt. Zwar kann man von theoretischem Standpunkte aus den Tuberkelbacillen die Allgegenwart, Ubiquität, abstreiten, denn sie können, soweit wir wissen, außerhalb ihrer tierischen Wirte auf die Dauer nicht existieren, in Wirklichkeit besteht aber für den Kulturmenschen tatsächlich eine solche Ubiquität, denn die Zahl der Bacillenstreuer ist eine so ungeheuer große, daß kein Mensch dem Schicksal entgehen kann, wiederholt der Gefahr einer tuberkulösen Infektion ausgesetzt zu sein.

Es kann darüber keinen ernsthaften Streit geben, daß die meiste und beste Gelegenheit zu Infektionen und Reinfektionen durch das Zusammenleben mit einem bacillenverstreuenden Menschen geboten wird, daß also die Familien-, die Wohnungsinfektion an Häufigkeit und Bedeutung obenan steht; allein mir will es doch scheinen, als ob man in neuerer Zeit etwas zu einseitig auf diesen Infektionsweg Wert gelegt hätte. Zwar dürfte der Rinderbacillus, der für die erste Infektion bei Kindern eine nicht zu vernachlässigende Rolle spielt, für Reinfektion, vor allem bei Erwachsenen, unter unseren heutigen Verhältnissen nicht nennenswert in Betracht kommen, aber die vom tuberkulösen Menschen ausgehenden Infektionsmöglichkeiten außerhalb der Familie und der Wohnung müssen doch offenbar höher eingeschätzt werden, als es jetzt vielfach geschieht.

Untersuchungen, wie sie von Jacob auf Robert Kochs Veranlassung in der tuberkulös durchseuchtesten Ortschaft des Deutschen Reiches, in Hümmling, angestellt worden sind, können in dieser Frage nicht ausschlaggebend sein, sondern im Gegenteil nur solche Untersuchungen, welche an Orten vorgenommen wurden, wo es wenig oder keine Gelegenheit zu Familien- oder Wohnungsinfektion gibt. Solche Untersuchungen sind von Hillenberg[1]) angestellt worden, der gefunden hat, daß selbst in Ortschaften, in welchen seit mindestens einem Jahrzehnt ein Tuberkulosetodesfall sicher nicht vorgekommen ist, trotzdem ein Viertel aller Kinder bei der Pirquetprobe positiv reagierte, also nach der herrschenden Auffassung tuberkulös war. Diese Kinder können also weder eine Familien- noch eine Wohnungstuberkulose gehabt haben, und wo Gelegenheit zu einer primären Infektion gegeben war, da muß auch Gelegenheit zu Reinfektionen gegeben sein.

Der demnach für die Kulturvölker überall bestehenden Gelegenheit zu tuberkulösen Infektionen und Reinfektionen entspricht es, daß so viele Menschen die Zeichen tuberkulöser Erkrankungen an ihrem Körper tragen. Ich kann zwar jenen Pathologen nicht zustimmen, welche behaupten, man könne bei $90^0/_0$ und mehr aller Leichen Reste tuberkulöser Erkrankungen auffinden, weil ich andere Erfahrungen gemacht habe. Die Erklärung für diesen Widerstreit der Meinungen ist wohl hauptsächlich darin gegeben, daß ich nicht wie jene Untersucher Veränderungen als tuberkulöse habe gelten lassen, deren tuberkulöse Natur erst noch zu beweisen ist. Eines aber erkenne ich vollständig an, daß sehr viel weniger Menschen an Tuberkulose sterben, als man nach der Häufigkeit der Infektionsmöglichkeit einerseits und der Häufigkeit tatsächlich erfolgter Infektion andererseits erwarten sollte.

Die Häufigkeit tatsächlicher Infektion ist in der Kindheit besonders groß, wenn auch die Resultate der Tuberkulinprüfungen mit den Sektionsbefunden nicht übereinstimmen, sondern bei weitem höhere Zahlen liefern, die bekanntlich bei einigen Untersuchern gegen das Ende der Kinderzeit bis an $100^0/_0$ heranreichen. Ich erkenne aber ohne weiteres an, daß die Leichenbefunde in dieser Frage leichter

---

1) Tuberculosis. 1911. p. 254.

wiegen als die im Leben erhobenen, da die Tuberkulinproben anscheinend wenigstens auch die allergeringsten tuberkulösen Veränderungen anzeigen, während der Anatom nur die makroskopisch erkennbaren Veränderungen sieht und auch von solchen leicht einmal einen besonders kleinen oder versteckten Herd übersehen kann.

Nehmen wir also an, daß ein sehr großer Teil der Kulturmenschheit bereits in den Jugendjahren tuberkulös infiziert worden ist, so müssen tatsächlich eine große Anzahl Kulturmenschen als tuberkulös infizierte in die Pubertätszeit und das höhere Alter hineingehen, ohne durch die unausbleiblichen Reinfektionen weiter geschädigt zu werden. Man schreibt ihnen eine erworbene Immunität zu und erklärt durch diese die Tatsache, dass sogenannte Naturvölker, wenn bei ihnen Tuberkulose nicht heimisch ist, in schwerster und akutester Weise tuberkulös erkranken, wenn sie einer tuberkulösen Infektion ausgesetzt werden; sie besitzen eben gar keine Immunität, während die Kulturvölker erworbene und vielleicht nicht nur individuell, sondern phylogenetisch erworbene, also ererbte Immunität besitzen. Diese erworbene Immunität ist keine absolute, sie soll zwar nach einer weitverbreiteten Annahme vor geringen Reinfektionen schützen, aber nicht vor stärkeren, sogenannten massiven Reinfektionen, doch soll sie die Stärke der Neuerkrankung mildern und bewirken, daß nicht eine akute, allgemeine Tuberkulose, sondern eine chronische, lokalisierte entsteht, welche freilich dafür auch örtlich destruktiver wirkt, Schwund der Gewebe, besonders in der Lunge, d. h. Schwindsucht, erzeugt.

Das klingt ja ganz einleuchtend, aber es fehlt doch nicht an Bedenken. Zunächst ist von R. Kraus u. a. bei Affen, die doch dem Menschen am nächsten stehen, gefunden worden, daß nach völligem Ueberstehen einer tuberkulösen Infektion eine Immunität kaum noch nachweisbar ist. Vor allem aber lassen die tatsächlichen Beobachtungen die Sache doch keineswegs so einfach erscheinen. Ich habe mich schon einmal[1]) über diesen Punkt geäußert und darauf hingewiesen, daß es keineswegs selten ist, daß beim Bestehen einer chronischen Tuberkulose irgendwelcher Art (Lymphdrüsen, Lunge usw.) plötzlich eine Verschlimmerung örtlicher oder allgemeiner Art auftritt, welche nun in kürzester Zeit den Tod herbeizuführen vermag. Der Erfolg zeigt, daß eine vollständige Immunität jedenfalls nicht vorhanden gewesen sein kann. Das hat man ja freilich auch nicht angenommen, aber doch gemeint, nur durch eine massive Reinfektion könne der in gewissem Grade vorhandene Immunitätsschutz durchbrochen werden. Besteht eine chronische, ausgedehntere Lungentuberkulose, so kann man die Möglichkeit, daß plötzlich eine so große Zahl von Bacillen in die Blutbahn gelangt ist, daß sie auch von dem relativ immunen Körper nicht mehr bewältigt werden konnte, nicht von der Hand weisen, dagegen steht man Fällen, wo nur eine ganz umschriebene, in völliger Rückbildung begriffene tuberkulöse Veränderung, sei es in der Lungenspitze, sei es in einer Lymphdrüse oder an irgendeiner anderen Stelle, zu finden ist und doch eine akute Tuberkulose den Tod herbeigeführt hat, ratlos gegenüber. Solche Fälle sind aber keines-

---

1) Berliner klin. Wochenschr. 1904.

wegs selten, sie kommen so gut bei Erwachsenen als bei Kindern vor. Wo soll in einem Falle, wie ich ihn vorher (S. 25) erwähnt habe (Sekt. Nr. 19. 1913), eine massive Reinfektion herkommen? Es muß als gänzlich unwahrscheinlich, ja geradezu als ausgeschlossen bezeichnet werden, daß es sich hier um eine endogene Reinfektion gehandelt habe, es bleibt also gar nichts weiter übrig, als daß es eine exogene Reinfektion gewesen ist, welche die tödliche Meningitis hervorgerufen hat. Gerade für diese Krankheit haben, weil sie oft so ganz unabhängig von schon bestehenden tuberkulösen Erkrankungen auftritt, pathologische Anatomen schon vor langer Zeit Infektionswege von außen her aufzufinden versucht, und gerade Karl Weigert, welcher vorzugsweise die Entstehung der allgemeinen Miliartuberkulose durch endogene Reinfektion aufgeklärt hat, hat hier auf die Möglichkeit einer exogenen Infektion von der Nasenschleimhaut her hingewiesen. Bei einer solchen Infektion kann aber wie bei den meisten exogenen, insbesondere bei denen erwachsener Menschen, von einem Massenimport von Bacillen in den menschlichen Körper kaum die Rede sein, es kann sich in der Regel nur um eine geringfügige Reinfektion handeln, und wenn trotzdem dadurch eine schwere akute Erkrankung herbeigeführt wird, so kann unmöglich ein nennenswerter Grad von Immunität vorhanden gewesen sein. Wenn überhaupt eine Immunität vorhanden war — und ich erkenne ja an, daß manches für eine solche spricht —, so kann es nur eine solche gewesen sein, welche sehr leicht unwirksam gemacht werden konnte durch gegenteilige Einwirkungen, durch die Entstehung einer Disposition.

Wie für das Mobilwerden bisher lokalisierter Bacillen Aenderungen der örtlichen Verhältnisse, örtliche Begünstigungen, also Dispositionen eine wichtige Rolle spielen, so muß auch für das Haftenbleiben von Bacillen, mögen sie nun aus anderen Herden im Körper stammen oder direkt von außen gekommen sein, eine örtliche Disposition vorhanden sein, die sowohl aus generellen als aus individuellen Ursachen hervorgehen kann.

Nach allem, was wir von den Beziehungen der tuberkulösen Erkrankungen aller Organe zu den Blutgefäßen wissen, kann man annehmen, daß ein Uebertritt von Bacillen in das Blut eigentlich ununterbrochen vor sich gehen muß, solange es sich um einigermaßen fortschreitende Prozesse handelt. Warum entsteht nicht aus jedem ins Blut gelangten Bacillus ein neuer tuberkulöser Herd, warum entstehen neue tuberkulöse Herde nicht überall, sondern nur an einzelnen Stellen? Warum bringt überhaupt nicht jede Infektion mit Tuberkelbacillen auch eine tuberkulöse Erkrankung hervor, warum aber die eine oder die andere? Meines Erachtens spielt hier nicht eine erworbene oder ererbte Immunität eine Rolle, sondern eine vorhandene oder nichtvorhandene örtliche Disposition. Eine durch Ueberstehen einer Infektionskrankheit erworbene Immunität kann nur eine allgemeine sein, denn das Blut ist wesentlich der Träger der Immunkörper, und das kommt überall hin, die Lokalisation der tuberkulösen Prozesse ist von örtlichen, nicht von allgemeinen Bedingungen abhängig. Solche örtlichen Bedingungen müssen auch bei den Reinfektionen eine Rolle spielen, nicht nur örtliche Bedingungen an der Eintrittsstelle der Bacillen, besonders bei der endogenen Reinfektion, sondern auch örtliche Bedingungen am Orte der Entstehung neuer tuberku-löser Erkrankungen. Eine größere Rolle als die erworbene Immunität spielt meines Erachtens die verschiedene und sich ändernde Dis-position. Diese Disposition ist überhaupt und besonders in bezug auf ihre Stärke das Resultat sehr verschiedenartiger Umstände, mecha-nischer, zirkulatorischer, chemischer usw. Besonderheiten, Besonder-heiten also, welche in dem Bau, der Funktion, dem Stoffwechsel, kurzum in der Konstitution der Körperteile gelegen sind.

Diese Ueberlegungen gelten für alle tuberkulösen Erkrankungen überhaupt, sie gelten für die häufigste tuberkulöse Erkrankung der Erwachsenen, für die Lungenschwindsucht, im besonderen.

Auf die Frage, ob die Lungenschwindsucht durch Aspiration von Tuberkelbacillen entsteht, oder ob die sie erzeugenden Bacillen auf dem Blut- oder Lymphwege der Lunge zugeführt werden, gehe ich hier ebensowenig ein wie auf die Frage, welche Rolle andere Mikroorganismen als Tuberkelbacillen bei ihrer Entstehung oder ihrem Fortgang spielen, ich will nur mein Glaubensbekenntnis von neuem dahin ablegen, daß die direkte Aspiration von Tuberkel-bacillen nicht die große· Rolle spielt, welche man ihr früher und von manchen Seiten auch heute noch zuschreibt, und daß zwar bei der Zerstörung des Lungengewebes noch andere Mikroorganismen mit Tuberkelbacillen zusammenzuarbeiten pflegen, daß aber die Grund-ursache jeder Lungenschwindsucht Tuberkelbacillen sind, so daß jede Lungenschwindsucht (Phthisis pulmonum) auch eine Lungentuberkulose ist. Die Frage, welche ich hier noch behandeln will, ist die vorher schon angedeutete Frage, welche Rolle bei der Lungenschwind-sucht die Reinfektion spielt, und zwar zunächst für den Beginn der Schwindsucht, für die Initialveränderungen.

Ist erst einmal ein tuberkulöser Herd in der Lunge vor-handen — und der sitzt aus örtlichen Gründen, wegen deren ich be-sonders auf die zahlreichen Veröffentlichungen von Hart hinweise, in der Regel in der Lungenspitze —, so kann der Prozeß ununter-brochen weitergehen, kontinuierlich und diskontinuierlich, bald schneller, bald langsamer, oder er kann nach verschieden langer Dauer und Ausdehnung zur dauernden oder temporären Ausheilung gelangen. Ich vermag durchaus nicht einzusehen, inwieweit für dieses wech-selnde Verhalten eine etwa früher, durch anders lokalisierte tuberku-löse Veränderungen oder durch die Lungenvorgänge selbst, erworbene Immunität verantwortlich gemacht werden könnte, die doch dauernd und mit der Ausbreitung und Dauer der tuberkulösen Prozesse in immer erhöhtem Masse vorhanden sein müßte, sondern kann nur in einer wechselnden, zum großen Teil auch von äußeren Umständen und Einwirkungen abhängigen Gunst oder Ungunst der örtlichen Ver-hältnisse, in einem Wechsel der örtlichen Disposition die Erklä-rung finden. Bei dem Fortschreiten des tuberkulösen Prozesses handelt es sich sicher in der Mehrzahl der Fälle um immer wiederholte endo-gene örtliche Reinfektionen, es vermag jedoch niemand zu sagen, in-wieweit auch dabei eine einmalige oder sogar öfter wiederholte meta-statische endogene oder auch exogene Reinfektion eine Rolle spielt.

Wie ist es aber mit den Initialveränderungen? Es bieten sich zwei Möglichkeiten genetischer Erklärung: entweder ist die Lungenschwindsucht aus einer primären tuberkulösen Infektion direkt oder indirekt hervorgegangen oder sie ist die Folge einer sei es endogenen, sei es exogenen Reinfektion. Alle diese Erklärungsmöglichkeiten haben ihre Vertreter gefunden.

Es ist begreiflicherweise sehr viel leichter, auf experimentellem Wege als durch Beobachtungen beim Menschen festzustellen, unter welchen Umständen, beim Gegebensein welcher Bedingungen eine Lungenschwindsucht entstehen kann, ich will daher zunächst die experimentelle Seite der Frage erörtern.

Es hat nicht an der Behauptung gefehlt, daß man experimentell eine der menschlichen Lungenschwindsucht entsprechende Erkrankung überhaupt nicht erzeugen könne, ich habe aber bereits in der vorher erwähnten Arbeit vom Jahre 1881 die Unrichtigkeit dieser Behauptung nachgewiesen. Heute braucht man über diese prinzipielle Frage nichts mehr zu sagen, man muß aber darauf hinweisen, daß die Neigung zu tuberkulösen Lungenerkrankungen überhaupt, daß insbesondere die Neigung der Lungen zu phthisischen Erkrankungen bei verschiedenen Tierarten ganz verschieden ist. Insbesondere zeigen die beiden Tierarten, welche hauptsächlich zu Tuberkuloseexperimenten verwendet werden, Meerschweinchen und Kaninchen, in dieser Beziehung ein ganz verschiedenes Verhalten. Bei Meerschweinchen treten außer Lymphdrüsenveränderungen vor allem solche der Milz und Leber auf, während die Lungen in der Regel nicht die, hauptsächlich die schwindsüchtigen Erkrankungen kennzeichnenden nekrotischen, sogenannten käsigen Veränderungen darbieten, sondern die Erscheinung der sogenannten Miliartuberkulose, für die die in Frankreich gebräuchliche Bezeichnung Granulie, tuberkulöse Granulie meines Erachtens durchaus empfehlenswert ist. Beim Kaninchen dagegen spielen Milz und Leber eine nebensächliche Rolle, die Lungen dagegen eine Hauptrolle, und gerade von der Kaninchenlunge sind käsige und käsig-ulzeröse Prozesse dementsprechend auch schon seit langer Zeit bekannt, und es ist auch durch zahlreiche Untersucher mittels der verschiedensten Methoden festgestellt worden, daß zur Entstehung schwindsüchtiger Lungenveränderungen eine ein- oder mehrmalige (in kurzen Zwischenräumen erfolgte) Infektion an irgendeiner Stelle des Körpers genügt. Eine gewisse Dauer der der Infektion folgenden Krankheit ist dazu notwendig, auf die Virulenz der angewandten Bacillen kommt es dabei nicht in erster Linie an, wenn auch Infektion mit weniger virulenten, mit abgeschwächten Bacillen besonders günstige Resultate gibt, weil gerade dabei eine chronisch verlaufende Krankheit zu entstehen pflegt.

Bei Meerschweinchen ist es, wie gesagt, viel schwieriger, echte käsig-phthisische Lungenveränderungen zu erzeugen. Solche können vorgetäuscht werden durch emphysematöse Höhlenbildung, durch das von mir sogenannte tuberkulöse Emphysem, über das ich vor einigen Jahren mich ausführlicher geäußert habe[1]). Aber es

---

1) Berl. klin. Wochenschr. 1910. Nr. 14. Sitzungsber. d. Gesellsch. d. Charitéärzte.

gibt auch bei Meerschweinchen richtige Schwindsuchtsveränderungen mit Verkäsung und Höhlenbildung wie beim Menschen, und zwar kann man diese Lungenschwindsucht mit einiger Sicherheit hervorrufen, wenn man Meerschweinchen, die eine erste Infektion durch wenig virulente Bacillen überstanden haben, einer Reinfektion mit virulenten Bacillen unterwirft. Ich war meines Wissens der erste, welcher auf diese bedeutungsvolle Tatsache aufmerksam gemacht hat[1]), die dann später von zahlreichen anderen Forschern, wie Bartels, Levy, Römer u. a., bestätigt worden ist. Wie ich es von Anfang an getan habe, so haben auch alle folgenden Untersucher angenommen, daß durch die erste tuberkulöse Infektion und ihre Folgen eine Aenderung in dem Meerschweinchenkörper herbeigeführt worden ist, welche den Erfolg der Reinfektion anders ausfallen ließ, als er gewesen sein würde, wenn man dieselbe Menge derselben Bacillen in derselben Weise einem unberührten Tiere in den Körper gebracht hätte. Daß jetzt die Lungen in so hervorstechender und in so schwerer Weise erkrankten, kann nicht wohl auf einer allgemeinen Umstimmung der Konstitution begründet sein, sondern muß in einer besonderen Beeinflussung der Lungen beruhen, denn nur an diesen zeigten sich die abweichenden Erscheinungen. Mit anderen Worten, nicht eine durch die erste Erkrankung erworbene allgemeine Immunität, sondern eine durch die Primärerkrankung hervorgebrachte örtliche Disposition der Lunge muß der Hauptgrund für dies abweichende Verhalten der Lungen bei der Reinfektion gewesen sein, wobei ja nicht ausgeschlossen ist, daß für den mehr chronischen Verlauf der zweiten Erkrankung auch eine gewisse erworbene allgemeine Immunität beigetragen haben kann.

Wenngleich nun die abweichenden Verhältnisse beim Kaninchen von vornherein nicht gleich klare Resultate wie beim Meerschweinchen erwarten ließen, so schien es mir doch von Interesse zu sein, experimentell zu prüfen, ob eine Reinfektion unter den angegebenen Bedingungen ebenfalls an den Lungen oder sonstwo abweichende Befunde entstehen lassen würde. Bei den Kaninchen brauchte man nach mild wirkenden Bacillen für die erste Infektion nicht lange zu suchen, da ja genugsam bekannt ist, daß die Bacillen des Typus humanus, in bestimmter Menge angewandt, keine tödliche Erkrankung hervorrufen. Ich habe also eine Anzahl Kaninchen (20) mit 0,01 g Bacillen des Typus humanus subkutan infiziert, 5 davon zweimal, die anderen einmal, und habe dann nach 3—6 Monaten eine Reinfektion mit Rinderbacillen vorgenommen, indem ich teils 0,01 g subkutan, 0,005 g intraperitonäal, 0,001 g intravenös injizierte; dazu kamen 6 Kontrollen, welche zu je 2 in der gleichen, dreifach verschiedenen Weise mit den entsprechenden Mengen infiziert wurden. Das Resultat war, wenn auch die Gegensätze nicht so scharf waren wie bei den Meerschweinchen, immerhin auffallend genug, denn von den 6 Kontrollen hatte nur ein einziges Tier nach 140 Tagen eine schwere Lungenerkrankung, ein anderes nach 435 Tagen eine Anzahl kirschkerngroßer Herde in den Lungen, während von den 20 vorbehandelten 13 schwere,

---

1) Berl. klin. Wochenschr. 1906. Nr. 20. Sitzungsber. d. Berl. med. Gesellsch.

zum großen Teil ganz ungewöhnlich schwere Lungenschwindsucht hatten (nach 43, 49, 112, 116, 156, 186, 189, 201, 236, 286, 297, 351, 429 Tagen) und außerdem noch 2 eine mäßig starke Lungenveränderung darboten; auch das eine Tier, welches die erste Reinfektion mit Rinderbacillen überstand, aber der zweiten nach 154 Tagen erlag, hatte eine mäßig starke zerstreute Herdtuberkulose der Lungen.

Es darf also wohl gesagt werden, daß auch bei den Kaninchen die Lungen, welche an sich schon eine größere Disposition zu schwindsüchtigen Veränderungen haben als die Meerschweinchenlungen, durch die vorgängige milde Infektion eine stärkere Disposition zu einer phthisischen Lungenerkrankung nach Reinfektion mit auch für Kaninchen virulenten Bacillen (Typus bovinus) erhalten hatten.

Wie bei meinen Meerschweinchenversuchen so handelte es sich auch bei diesen Kaninchenversuchen um eine exogene Reinfektion durch eine andere Bacillenart, und auch von den übrigen Untersuchern, wenn sie auch die gleiche, nur in ihrer Virulenz verschiedene Art von Bacillen anwandten, wurde stets mit exogenen Reinfektionen gearbeitet.

Wenden wir uns nun zu einer Betrachtung der menschlichen Phthisiogenese, so muß zunächst darauf hingewiesen werden, daß der Mensch in bezug auf sein Verhalten gegenüber den beiden Haupttypen der Tuberkelbacillen, dem Typus humanus und dem Typus bovinus offenbar dem Kaninchen näher steht als dem Meerschweinchen, insofern auch er im allgemeinen weniger disponiert zu sein scheint, durch den Typus bovinus schwerer Erkrankung anheimzufallen, als durch den Typus humanus, und daß bei ihm auch die Disposition der Lungen zu tuberkulösen Erkrankungen mehr derjenigen der Kaninchenlungen gleicht. So vorsichtig man auch mit der Uebertragung der bei Tieren gewonnenen Erkenntnisse auf den Menschen sein muß, wird man darum doch immerhin mit einem gewissen Recht von vornherein vermuten dürfen, daß auch beim Menschen zwar zur Entstehung einer Lungenschwindsucht eine Reinfektion nicht nötig ist, daß aber wohl auch bei ihm eine solche eine Rolle spielen kann. Um diese Fragen wird denn auch tatsächlich gestritten sowie über die Unterfragen, ob die Reinfektion, welche etwa an der Entstehung der Lungenschwindsucht beteiligt ist, eine endogene oder eine exogene sei. Es ist mir unmöglich, diese Fragen hier eingehend und unter Anführung der Literatur zu behandeln, ich will aber meine Stellung zu ihnen kurz darlegen, die sich in wesentlichen Punkten mit der eines anderen pathologischen Anatomen, der sich jüngst darüber geäußert hat[1]), mit der von Hart deckt.

Der erste, welcher entgegen der herrschenden Ansicht, den Grund zu der späteren Lungenschwindsucht in einer Kindheits-, ja Säuglingsinfektion sah, war Behring. In einer ausführlichen kritischen Würdigung[2]) der Behringschen Lehre habe ich

---

1) Tuberkulosis. 1910. Nr. 9.
2) Berl. klin. Wochenschr. 1904. Nr. 11—13, z. T. auch in Altes und Neues über Lungentuberkulose. Rindfleisch-Festschrift. 1906.

bereits zu ihr Stellung genommen und dadurch auch zu ihrer neuesten Form, welche ihr durch Behrings Schüler Römer gegeben worden ist[1]). Ein kurzsichtiger Kritiker hat gegen meine damalige Schlußfolgerung, „ich glaube nicht zu viel zu tun, wenn ich sage, es bleibt so ziemlich alles beim Alten“, protestieren zu müssen geglaubt, ich trage aber trotzdem kein Bedenken, auch gegenüber der etwas modifizierten Römerschen Lehre, mich zu derselben Anschauung zu bekennen. Römer erkennt an, daß es eine exogene Infektion im späteren Leben gibt, er erkennt, wenn auch noch in geringerem Grade als Behring, an, daß eine solche exogene Infektion unter gewissen Bedingungen möglicherweise Lungenschwindsucht erzeugen kann, denn er lehnt eine solche Reinfektion nicht kategorisch ab, wenn er sie auch für unwahrscheinlich hält. Römers Meinung nach ist die Schwindsucht der Erwachsenen im wesentlichen das Resultat einer massiven endogenen Reinfektion bei einem in der Jugend partiell in mäßigem Grade immunisierten Menschen. „Wenn wir also“, so schrieb er, „Menschen jenseits des 18. Lebensjahres schwindsüchtig werden sehen, so müssen wir diese Schwindsucht auf so massive Reinfektionen beziehen, daß die durch die Kindheitsinfektion erzeugte Immunität zwar noch ausgereicht hat, den Ausbruch akuter galoppierender Tuberkulose zu verhindern, nicht aber den der chronischen Phthise“. Der übergroßen Mehrzahl der erwachsenen Menschen droht nach Römer unter den gewöhnlichen Lebensbedingungen kaum die Gefahr einer neuen, erfolgreichen tuberkulösen Infektion von außen, wohl aber kann eine erneute Propagation der im Körper schon heimischen Bacillen eine Reinfektion und durch sie eine Lungenschwindsucht bewirken. Diese Reinfektion muß aber eine massive sein, d. h. es muß eine schwere Jugendinfektion vorgelegen haben, welche derartige Bacillenlager zurückgelassen hat, daß von diesen aus eine schwere Reinfektion zustande kommen kann, denn nur eine solche vermag die erworbene Immunität zu durchbrechen.

In den neueren Diskussionen über Phthisiogenese, soweit ich sie kenne, vermisse ich die Berücksichtigung eines durch klinische und pathologisch-anatomische Beobachtungen festgestellten Umstandes, dessen ich vorher schon gedacht habe, daß nämlich die Lungenschwindsucht nicht das Resultat einer einzigen Infektion oder Reinfektion ist, sondern daß die Lungenschwindsucht ein Prozeß ist, der fortschreitet, und zwar häufig in ganz ungleichmäßiger Weise, bald langsamer, bald schneller, nicht nur kontinuierlich, sondern auch diskontinuierlich, bei dem also immer wieder neue Reinfektionen auftreten, von denen man keineswegs annehmen darf — der anatomische und bakteriologische Befund widerspricht einer solchen Annahme absolut —, daß es sich stets und überall um neue massige Infektionen handele, bei denen man im Gegenteil anzunehmen gezwungen ist, daß nur geringfügige, sei es endogene, sei es exogene Infektion dem Fortschreiten der tuberkulösen Prozesse zugrunde liegt, und doch entstehen immer neue tuberkulöse Herde auch ohne massive Reinfektion, obwohl man doch annehmen müßte, daß

---

1) Tuberkulosis. 1910. S. 129 u. a. a. O.

die schon vor Entstehung der Schwindsucht vorhanden gewesene Immunität durch die schwindsüchtige Erkrankung sich noch weiter verstärkt habe. Und wo bleibt gar die Immunität in denjenigen nicht seltenen Fällen, wo nicht nur in den Lungen selbst, sondern vor allem auch an anderen Körpergegenden, insbesondere an der weichen Hirnhaut — ohne daß man eine massive Reinfektion immer nachweisen kann —, schwere, galoppierende, tödliche neue Tuberkuloseerkrankungen entstehen? Nicht eine allgemeine Immunisierung, sondern nur örtliche Umstände, die Beschaffenheit der örtlichen Disposition kann hier eine befriedigende Erklärung geben.

Ohne die Annahme einer örtlichen Disposition kommen wir bei der Erklärung der Phthisiogenese überhaupt nicht aus. Eine erworbene allgemeine Immunität kann weder erklären, warum denn gerade die Lunge durch die Reinfektion, die doch von den Körperflüssigkeiten (Blut, Lymphe) ausgehen muß, allein oder vorzugsweise betroffen wird, und erst recht kann sie nicht erklären, warum die typische Lungenschwindsucht der Erwachsenen regelmäßig in der Lungenspitze beginnt.

Eine massige Reinfektion von einem in der Kindheit erworbenen Tuberkuloseherd aus soll den Anstoß zur Lungenschwindsucht geben. Es müßte sonach bei jedem lungenschwindsüchtigen Menschen nicht nur ein älterer, aus der Jugendzeit stammender Bacillenherd vorhanden, sondern dieser müßte auch geeignet sein, einer massiven Reinfektion als Grundlage zu dienen.

Die pathologisch-anatomische Erfahrung steht mit dieser Forderung in schroffstem Widerspruch, denn bei den meisten verstorbenen Phthisikern finden sich keine älteren, bis in die Jugendzeit zurückzudatierende Herde, insbesondere vermißt man bei Phthisikern meistens jene Erkrankungen, welche bei den nicht zum Tode führenden kindlichen Tuberkulosen im Vordergrunde stehen, die Verkäsungen der Lymphdrüsen, und wenn man sie findet, so befinden sich die Drüsen in einem solchen physikalischen Zustande (Verkreidung und Verkalkung), daß es unstatthaft erscheint, von ihnen eine massive Reinfektion abzuleiten. Und wenn ein alter, aus der Jugendzeit stammender Primärherd auch noch nicht verkalkt ist, so erscheint es doch auch im höchsten Grade unwahrscheinlich, daß von ihm die verlangte massive Reinfektion ausgegangen sein sollte, wenn er so klein ist, daß er der aufmerksamen Leichenuntersuchung entgehen konnte.

Die pathologisch-anatomische Erfahrung widerspricht also 1. der Annahme, daß jede Lungenschwindsucht Produkt einer Reinfektion sein müsse, und 2. der Behauptung, daß nur eine massive Autoreinfektion geeignet wäre, Lungenschwindsucht zu erzeugen.

Es bliebe noch die zweite Möglichkeit zu besprechen, welche Behring noch in größerem Umfange zuließ, Römer zwar für unwahrscheinlich hält, aber nicht ganz von der Hand weisen will, nämlich die Reinfektion von außen.

Daß Römer und seine Anhänger eine exogene Reinfektion für unwahrscheinlich halten, beruht auf einer Petitio principii: von außen kommende Infektionen beim Erwachsenen sind keine massigen, massige

Infektion ist für die Entstehung einer Schwindsucht notwendig, folglich können exogene Infektionen für Phthisiogenese nicht in Betracht kommen. Daß exogene Infektionen Erwachsener in der Regel nicht massige sein werden, ist ohne weiteres klar; daß zur Entstehung einer Schwindsucht eine massige Infektion nötig ist, das ist aber erst noch zu erweisen. Ich habe gezeigt, daß für die meisten menschlichen Schwindsuchtsfälle eine massige Autoreinfektion nicht nachzuweisen oder auch nur wahrscheinlich zu machen ist, ich habe gezeigt, daß für das Fortschreiten der chronischen Phthise nicht massige, sondern geringfügige neue Infektionen verantwortlich gemacht werden müssen, dadurch ist meines Erachtens der erwähnten Schlußfolgerung der Anhänger der Immunitätslehre der Boden entzogen, d. h. es steht der Annahme nichts im Wege, daß bei der Phthisiogenese exogene Infektionen eine Rolle spielen. Da allseitig zugegeben wird, daß jeder Mensch, auch der erwachsene, immer wieder neue Infektionen mit Tuberkelbacillen erfahren kann, so ist kein Mensch imstande, wie Hart das schon bemerkt hat, mit Sicherheit zu entscheiden, ob frische Herde neben älteren durch endogene oder exogene Infektion hervorgerufen worden sind, es sei denn, daß verschiedene Bacillentypen vorhanden sind. Auf die schwindsüchtige Lunge angewandt heißt das, es ist überhaupt nicht zulässig, die Veränderungen in einer schwindsüchtigen Lunge auf eine einzige Infektion zurückzuführen, sondern nachdem durch eine, sei es primäre, sei es Reinfektion eine umschriebene Initialveränderung in der Lunge hervorgerufen worden ist, können neben immer wiederholten Autoinfektionen auch eine unbegrenzte Zahl exogener Neuinfektionen für die weitere Erkrankung der Lunge, für die Entstehung einer ausgesprochenen Phthise verantwortlich sein.

Daß eine solche wiederholte exogene Reinfektion für die Ausbildung einer Lungenschwindsucht nicht notwendig ist, beweisen die Tierexperimente, bei welchen nur eine einmalige Reinfektion vorgenommen worden ist, diese beweisen aber auch, daß bei der Schwindsuchtsentstehung in vorbehandelten Tieren eine exogene Reinfektion vollkommen genügt.

Wie steht es nun in bezug auf die Reinfektion beim Menschen? Ich habe schon darauf hingewiesen, daß offenbar beim Menschen ebensowenig wie beim Kaninchen eine Reinfektion zur Schwindsuchtsentstehung nötig ist, sondern daß die Schwindsucht gleich durch die erste Infektion herbeigeführt werden kann. Nicht von einer bestehenden mäßigen Immunität, sondern von einer vorhandenen Disposition ist das Entstehen einer Lungenschwindsucht abhängig. Daß aber auch bei manchen schwindsüchtigen Menschen lange vor der Schwindsucht schon eine tuberkulöse Erkrankung geringeren Grades vorhanden gewesen sein muß, das beweisen die entsprechenden anatomischen Befunde und dafür spricht auch der Ausfall der Pirquetreaktion bei Kindern. Ich stimme also darin Behring-Römer und ihren Anhängern bei, daß auch bei einem gewissen, freilich nicht sicher bestimmbaren Prozentsatz schwindsüchtiger Erwachsener die Schwindsucht das Produkt einer Reinfektion ist. Nach den pathologisch-anatomischen Erfahrungen ist eine Autoinfektion unwahrscheinlich, denn man kann sie nicht nachweisen, vielmehr dürfte das Verhältnis dasselbe sein wie bei den reinfizierten Tieren, d. h. die Reinfektion ist eine exogene. Nach dem nahezu regelmäßigen Befund von Bacillen des Typus humanus in menschlichen schwindsüchtigen Lungen muß man, bis etwa eine weitere Klärung der Umänderungsfrage betreffs der verschiedenen Typen der Tuberkelbacillen andere Grundlagen bietet, annehmen, daß diese Reinfektion mit Bacillen des Typus humanus erfolgt, dagegen bleibt noch festzustellen, welcher Art die Bacillen der ersten Infektion gewesen sind, die auch ich im wesentlichen in die Kindheit verlege. Nachdem feststeht, daß etwa 10 % aller tuberkulösen Kinder eine Infektion mit bovinen Bacillen erfahren haben, erscheint der Gedanke berechtigt, daß auch eine jugendliche Rindertuberkulose die Grundlage einer späteren Lungenschwindsucht abgeben kann.

Diesen Gedanken habe ich schon im Jahre 1907 auf der VI. internationalen Tuberkulosekonferenz in Wien in den von mir aufgestellten Leitsätzen zur Frage der Infektionswege der Tuberkulose Ausdruck gegeben. Da heißt es im Leitsatz 8: „Bei der Erklärung der Entstehung der Lungenschwindsucht, besonders Erwachsener, muß damit gerechnet werden, daß sie das Resultat einer Reinfektion mit virulenten Tuberkelbacillen sein kann, nachdem eine (oder mehrere) frühere leichtere Infektionen glücklich überstanden wurden" und im Leitsatz 12: „wieweit eine zur Heilung gelangende Infektion durch sie", nämlich Rinderbacillen, „prädisponierend für Lungenschwindsucht wirken kann, bedarf noch der weiteren Untersuchung." Ich habe schon mitgeteilt, daß ich mit solchen Untersuchungen in Verbindung mit Frau Rabinowitsch beschäftigt bin und daß wir wenigstens schon einen Fall haben, bei dem sich in dem alten Herd Rinderbacillen von typischem Verhalten, in der schwindsüchtigen Lunge typische Menschenbacillen fanden.

Worin ich die Wirksamkeit der ersten Erkrankung suche, das habe ich im vorstehenden genügend dargelegt: bei aller Anerkennung der für eine gewisse Immunisierung sprechenden Tatsachen kann ich doch unmöglich eine solche erworbene, den ganzen Körper betreffende Immunität zur Erklärung der Tatsache, daß bei der Reinfektion nur die Lunge erkrankt, und zwar in der Schwindsuchtsform erkrankt, als genügend erachten, sondern muß annehmen, daß örtliche Aenderungen in der Lunge entstehen, welche deren Reaktion gegenüber einer virulenten Reinfektion derart ändern, daß die Lungen leichter erkranken und daß sie in der Form der fortschreitenden chronischen Phthise erkranken. Ich habe auch diesem Gedanken in den erwähnten Leitsätzen schon Ausdruck gegeben, indem ich von einer prädisponierenden Wirkung für Lungenschwindsucht sprach (s. vorher) und im Leitsatz 8 zu den oben zitierten Worten hinzufügte: „Es kann infolge dieser überstandenen Infektion a) die Erkrankung gerade der Lungen gefördert worden sein" usw. Worin diese Disposition begründet ist, vermag ich freilich nicht zu sagen, ihr Bestehen muß aber aus dem Erfolg notwendigerweise erschlossen werden; wie die Immunität wirken soll, hat auch noch niemand zufriedenstellend erklärt, und meine Annahme hat das für sich, daß sie die Lokalisation erklärt, die man mit der Immunität überhaupt nicht erklären kann.

Ich fasse meine Ansicht über die Phthisiogenese bei erwachsenen Menschen in folgende kurze Sätze zusammen:

1. Die Lungenschwindsucht kann als einzige Infektion oder als Teilerscheinung einer ersten Infektion mit Tuberkelbacillen enstehen.
2. Sie kann als Folge einer, wahrscheinlich meist exogenen Reinfektion entstehen auf Grundlage einer ersten Jugendinfektion.
3. Eine Ueberstehung einer tuberkulösen Erkrankung disponiert bei manchen Tieren zur Entstehung einer Lungenschwindsucht durch Reinfektion; es sprechen Tatsachen dafür, daß auch beim Menschen etwas Aehnliches vorkommt.
4. Eine durch Ueberstehen eines tuberkulösen Krankheitsanfalles erworbene unvollständige Immunisierung kommt bei Tieren und wahrscheinlich auch beim Menschen vor; sie kann aber bei diesem weder das Fortschreiten der tuberkulösen Lungenveränderungen durch geringfügige Reinfektionen noch das Auftreten neuer akuter, schwerer Tuberkuloseerkrankungen hindern.
5. Nicht eine, den ganzen Körper betreffende, durch Ueberstehen einer Tuberkuloseinfektion erworbene Immunität kann die Lungenschwindsucht infolge einer Reinfektion erklären, sondern nur die Annahme einer örtlich entstandenen Disposition, d. h. einer direkten Schädigung des Lungengewebes in seiner Widerstandskraft gegenüber den Tuberkelbacillen.

Es bedarf keiner weiteren Darlegung, daß die Anschauungen über die Phthisiogenese auch diejenigen über die Prophylaxis beherrschen. Wer der Meinung ist, daß alles Uebel von der Kinderinfektion herrührt, der wird sie allein bekämpfen, der Anhänger der Immunitätslehre aber nur insoweit, als er nur die schweren Infektionen bekämpft, denn eine geringe Infektion soll ja nützlich sein, indem sie einen Schutz gegen äußere Reinfektion gewährt; dementsprechend erklärt denn auch Römer ganz folgerichtig: „Was wir in erster Linie verhüten müssen, das sind die schweren massigen Infektionen des frühen Kindesalters." Er legt sich freilich auf sie allein nicht fest, denn er sagt vorsichtig „in erster Linie", will also doch anderen Kampf nicht ausschließen. Nach meiner Auffassung würde nie und nimmer das zu erstrebende Ziel erreicht, wenn man den Kampf allein oder doch vorwiegend gegen die Kindertuberkulose führen wollte, sondern vom prinzipiellen Standpunkte aus muß tatsächlich gerade in bezug auf die Prophylaxe so ziemlich alles beim alten bleiben; wir werden nach wie vor Kinder wie Erwachsene soviel wie möglich vor jeder tuberkulösen Infektion und Reinfektion zu bewahren suchen müssen, wir müssen die Quellen für Tuberkelbacillen zu verstopfen suchen, indem wir in erster Linie die wichtigste Quelle, den tuberkulösen Menschen, unschädlich zu machen, aber auch die kleinere Quelle, die von dem tuberkulösen Vieh gespeist wird, zu verstopfen suchen. Das alles reicht aber zu einer aussichtsvollen Bekämpfung der Tuberkulose noch nicht hin, sondern wir müssen auch dem zweiten

Faktor, dem menschlichen Körper und seinen Organen, unsere Aufmerksamkeit widmen und danach streben, örtliche Dispositionen zu verhindern, vorhandene zu mildern. Wenn es auf irgendeine Weise gelingen sollte, eine völlige Immunisierung zu erreichen, könnte man das nur aufs freudigste begrüßen; bis jetzt kann der erworbenen unvollkommenen Immunität noch keine größere Bedeutung für die Prophylaxe zuerkannt werden, denn sie schützt weder vor chronischen noch vor neuen akuten Krankheitsanfällen, scheint vielmehr die Disposition der Lungen zu chronischer Erkrankung, zur Schwindsucht, zu erhöhen. Die leichten Jugendinfektionen sind also nicht nur nützlich, indem sie eine gewisse Immunität erzeugen, sondern sie sind vielfach wenigstens in viel höherem Maße schädlich, indem sie eine Disposition der Lunge zu Schwindsucht bewirken, und darum muß man bestrebt sein, auch sie zu verhindern.

III.

Ueber die Bedeutung der Rinderbacillen für den Menschen.

(19. Februar 1913.)

In der Diskussion über den Friedmannschen Vortrag sind verschiedene Fragen aus dem Gebiete der Tuberkulosepathologie berührt worden, bei welchen wieder zutage getreten ist, wie weit die Ansichten noch auseinander gehen. So sagte z. B. Herr F. Klemperer, in den ungezählten Versuchen sei niemals das Resultat erreicht worden, tuberkulöse Tiere mit Tuberkulinbehandlung zu heilen, während am 12. August 1911 Herr Kirchner in der „Woche" verkündet hat, jetzt seien alle, die mit der Tuberkulosebekämpfung vertraut sind, der Ueberzeugung, daß das Tuberkulin ein zuverlässiges Mittel ist, um die Tuberkulose zu erkennen und zu heilen. Die Entscheidung über diese Frage muß ich den Praktikern überlassen, da die pathologische Anatomie bis jetzt noch keine wesentlichen Beiträge zu ihr liefern kann, dagegen möchte ich eine andere Frage erörtern, besonders auch um das „Oho" zu rechtfertigen, mit dem ich Herrn F. Klemperer unterbrach, als er behauptete, die Rinderbacillen seien für den Menschen in ähnlicher Weise unschädlich, wie die Menschenbacillen für das Rind.

Da vorher gesagt worden war, daß Rinder durch Menschenbacillen nicht tuberkulös werden, daß also für das Rind die menschlichen Tuberkelbacillen nicht pathogen seien, so kann die Aeußerung über die Bedeutung der Rinderbacillen für den Menschen doch nur besagen, daß die Rinderbacillen auf den Menschen nicht übertragen werden könnten. Herr Klemperer hat auf mein „Oho" hin seine Aeußerung etwas eingeschränkt, er hat die Rinderbacillen nicht für ganz unschädlich erklärt, aber doch gemeint, daß sie für den Menschen in weitem Maaße unschädlich sind, daß sie gegenüber der Virulenz und der Schädlichkeit der Menschentuberkelbacillen für den Menschen keine Rolle spielen, das dürfte wohl heute als feststehende Tatsache ausgesprochen werden.

Während Klemperer in bezug auf die Wirksamkeit des Tuberkulins mit Kirchner verschiedener Meinung ist, stimmt er in bezug auf die Bedeutung der bovinen Bacillen mit ihm überein, nur daß Kirchner noch uneingeschränkter erklärt, daß die Rindertuberkelbacillen für Menschen fast völlig harmlos sind. So sehen wir, heißt es da in der „Woche“, unter anderem, daß die Tuberkulose des Menschen weder entstehen kann durch Einatmen säurefester Stäbchen mit dem Staube, noch durch Genuß von Milch tuberkulöser Rinder, sondern allein durch Berührung mit tuberkulosekranken Menschen. Der kranke Mensch sei für uns die einzige Quelle der Tuberkulose und daher können nur solche Maaßregeln die Ausbreitung der Tuberkulose verhüten, die sich gegen den kranken Menschen richten.

M. H.! Die Bekämpfung der Tuberkulose ist eine der größten sozialen Aufgaben, an deren Lösung nicht nur die Aerzte, sondern das gesamte Volk sich beteiligen muß; wie bei jeder Kampfaufgabe, so muß aber auch bei dieser genau das Kampfobjekt festgestellt werden, und es darf der Kampf nicht einseitig, sondern er muß gleichmäßig und nach allen Seiten geführt werden; der Kampf gegen die Tuberkulose muß gegen jede Quelle für tuberkulöse Infektion sich richten. Ob die Rinderbacillen so harmlos sind, wie eben angegeben, ob der kranke Mensch für uns die einzige Quelle der Tuberkulose ist, das mögen Sie selbst aus den Tatsachen erschließen, die ich Ihnen jetzt vorführen will.

Wenn wir feststellen wollen, wie groß die Bedeutung der Rindertuberkulose für den Menschen ist, so müssen wir uns zunächst darüber verständigen, wie man erkennen kann und soll, daß bei einer tuberkulösen Erkrankung eines Menschen Rinderbacillen eine Rolle spielen oder gespielt haben.

Die pathologische Anatomie kann uns keinen Aufschluß geben, sondern nur die bakteriologische und experimentelle Forschung. Es gibt anatomisch perlsuchtähnliche tuberkulöse Erkrankungen beim Menschen, aber die äußere Form beweist gar nichts dafür, daß ein kausaler Zusammenhang besteht, und die fehlende Aehnlichkeit in der äußeren Form gibt keinerlei Gewähr dafür, daß nicht doch Perlsuchtbacillen die Erreger der tuberkulösen Erkrankung sein könnten. Diese Frage kann nur durch das sorgfältige Studium des Erregers jeder einzelnen Erkrankung und seiner pathogenen Kräfte festgestellt werden.

Es bedarf heute keines Nachweises mehr, daß man beim tuberkulösen Rindvieh Bacillen findet, welche weniger in der Form als in der Art ihres Wachstums, in ihrem Verhalten zu gewissen Nährböden, in ihren chemischen Eigenschaften und vor allem in ihrem Verhalten zu verschiedenen Tieren sich mit großer Regelmäßigkeit anders verhalten als diejenigen Bacillenstämme, welche man aus vielen tuberkulösen Menschen gezüchtet hat; beide Lebewesen sind Tuberkelbacillen, aber die Berechtigung, diese ausgeprägten Formen als Typus bovinus und Typus humanus auseinanderzuhalten, kann wohl nicht mehr bestritten werden.

Man wird also die Bedeutung der Perlsucht für den Menschen zunächst und am einfachsten danach abschätzen können, wie häufig man Bacillen vom Typus bovinus beim tuberkulösen Menschen nachzuweisen vermag.

Der Nachweis eines Typus bovinus kann nicht allein aus der Wuchsform oder aus den chemischen Eigenschaften eines herausgezüchteten Bacillenstammes mit wünschenswerter Sicherheit geliefert werden, sondern es muß notwendig auch das Tierexperiment mit herangezogen werden. Das wünschenswerteste wäre selbstverständlich, wenn man jeden Stamm auf seine Wirksamkeit für Rinder prüfen könnte, aber das ist unmöglich wegen der hohen Kosten, die nur für wenige hoch dotierte Anstalten oder Kommissionen erschwinglich sind. Es genügt aber auch nach allgemeiner Ueberzeugung zur Feststellung der Typen die Prüfung der Wuchsform, der chemischen Eigenschaften und das Verhalten zum Kaninchenkörper, der, für Rinderbacillen empfänglich, eine starke Immunität gegenüber Menschenbacillen besitzt, so daß eine subkutane Infektion mit 0,01 g Bacillen nur eine örtliche, keine allgemeine Erkrankung erzeugt.

In dieser Weise geprüft, hat sich nun herausgestellt, daß — die Lupuserkrankung der Haut ausgenommen, bei der etwa zur Hälfte bovine Bacillen gefunden wurden — bei erwachsenen Menschen nur ausnahmsweise Rinderbacillen nachweisbar sind. Das gilt vor allem für die schwindsüchtigen Lungen und ihre Sputa, wenngleich auch hier einzelne positive Befunde festgestellt worden sind, sei es, daß gleichzeitig beide Typen, sei es, daß nur der Rindertypus gefunden wurde. Da nun auch bei nicht lungenschwindsüchtigen tuberkulösen Erwachsenen vereinzelt boviner Typus gefunden wurde, so kann man jedenfalls das eine schon erklären, daß auch schon auf Grund der ausgeprägten Typenbefunde nicht gesagt werden darf, der Rinderbacillus sei für den erwachsenen Menschen harmlos und unschädlich.

Ganz anders aber nimmt sich das Bild aus, wenn wir das kindliche Alter bis zu 15 oder 16 Jahren in Betracht ziehen.

Ich brauche hier, vor einer Versammlung von Aerzten, nicht darauf hinzuweisen, daß die chronische Lungentuberkulose, die Phthisis pulmonum, beim Erwachsenen die Hauptrolle unter den tuberkulösen Erkrankungen spielt, während im Kindesalter die nicht phthisischen tuberkulösen Erkrankungen überwiegen, es dürfte aber immerhin auch für Sie von Interesse sein, die beiden graphischen Darstellungen zu vergleichen, welche Sheridan Delépine-Manchester für England und Wales und für das Jahrzehnt 1891 bis 1900 gegeben hat[1]). In Kurve 1 sind die Todesfälle von Lungenschwindsucht, berechnet auf je eine Million Lebender, schwarz wiedergegeben, die übrigen Tuberkulosen nur durch schwarze Umrahmung, und bei Kurve 2 ist es umgekehrt, es springen hier mehr die Nichtphthisisfälle in die Augen. Man erkennt leicht, wie sehr im Kindesalter überhaupt, ganz besonders aber im ersten Jahrfünft die Lungenschwindsucht ganz zurücktritt gegenüber den anderen tuberkulösen Erkrankungen, die zum Tode geführt haben. Ich bitte diesen Umstand, daß es sich hier um Mortalitätszahlen handelt, wohl zu beachten, denn wir wissen ja aus den pathologisch-anatomischen Untersuchungen schon lange, daß viele Menschen die Spuren einer überstandenen oder doch lokalisierten und latenten Tuberkulose aus der Kindheit mit in das spätere Leben hin-

---

1) Transact. of the fourth annual conference of nat. assoc. for the prevention of consumption &c., 1912.

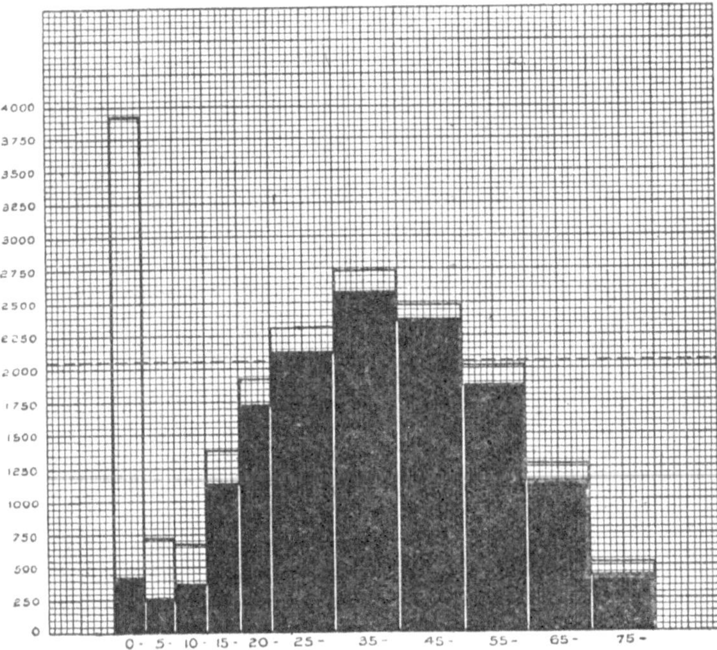

Kurve 1.

Kurve 2.

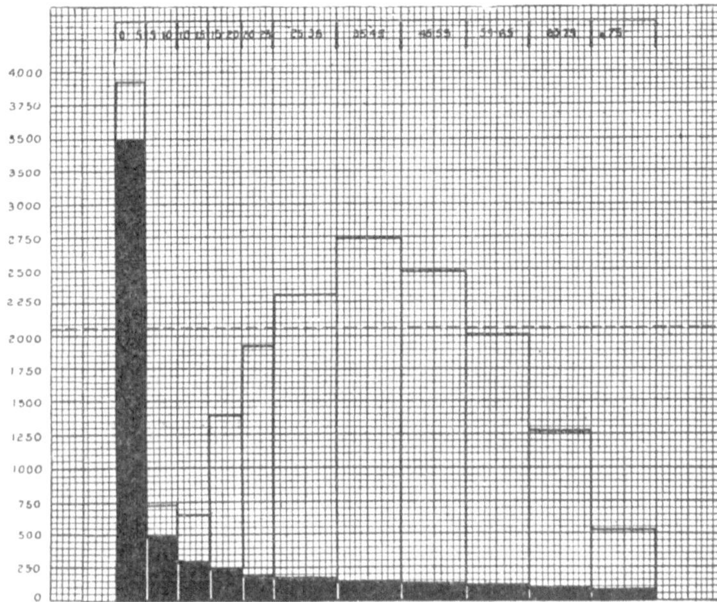

Schwarz = nicht phthisische Tuberkulose.

Mortalität an Tuberkulose in England und Wales 1891—1900, auf je 1 Million Lebender berechnet nach Delépine.

übernehmen, daß also viel mehr Kinder tuberkulös sind, als aus der kindlichen Tuberkulosemortalität erschlossen werden kann. Man muß sich freilich hierbei stets bewußt bleiben, daß die Zahl aller tuberkulösen Erkrankungen, sowohl derjenigen der Erwachsenen als auch derjenigen der Kinder den größten zeitlichen, besonders aber auch regionären und örtlichen Schwankungen unterliegt, und daß auch bestimmte Formen der Erkrankungen, wie es besonders die Forschungen über die Häufigkeit der primären Intestinaltuberkulose nicht nur an verschiedenen Orten, sondern auch in verschiedenen Krankenhäusern derselben Großstadt gezeigt haben, sehr verschieden häufig gefunden werden können, ohne daß man diese Verschiedenheit auf das verschiedene Geschick oder die verschiedene Sorgfalt der Untersucher zu beziehen das Recht hätte.

Nun kommt ja aber pathologisch-anatomisch nur die geringste Zahl der Kinder zur Untersuchung, über die absolute Häufigkeit tuberkulöser Erkrankungen überhaupt kann also die Leichenuntersuchung nur ein unvollständiges Bild geben, man hat deshalb neuerdings die Erfahrungen herangezogen, welche man mit den Tuberkulinreaktionen, insbesondere der Pirquetschen erzielt hat. Diese aber besagen bekanntlich, daß gegen Ende der Kindheit die Prozentzahl der positiven Reaktionen mancherorts bis nahe an 100 heranreicht. Dürfte man in dem positiven Ausfall der Reaktion den Beweis erblicken, daß das betreffende Individuum eine wenn auch noch so leichte tuberkulöse Erkrankung durchgemacht habe, so würde man zu dem Schlusse kommen müssen, daß, bei den Kulturvölkern wenigstens, kaum ein Kind einer tuberkulösen Infektion und Erkrankung entgeht. Freilich steht der sichere Nachweis, daß positive Pirquet-Reaktion nur bei tuberkulöser Erkrankung auftritt, noch aus, aber unter Berücksichtigung der sicheren anatomischen Erfahrung darf man doch wohl so viel sagen, daß die Tuberkulose in ihren verschiedenen Graden bei den Kindern ungeheuer verbreitet ist.

Wie steht es nun mit den Erfahrungen über das Vorkommen bestimmter Bacillentypen bei Kindern? Auch hier stimmen die Resultate, die von verschiedenen Untersuchern und an verschiedenen Oertlichkeiten gewonnen wurden, nicht überein, aber als mittlere Zahl für die bei Kinderleichen gefundenen bovinen Fälle kann man 10% annehmen, wie ich im vorigen Jahre in einem in der Akademie der Wissenschaften gehaltenen Vortrage (Ueber Rinder- und Menschentuberkulose, eine historisch-kritische Betrachtung) dargetan habe[1]). Neuerdings sind auch Park und Krumwiede[2]) zu dem Resultat gekommen, daß in etwas weniger als 10% der tödlichen Kindertuberkulosen eine bovine Infektion die Todesursache sei. Ebenso hat Neufeld im Kaiserlichen Gesundheitsamt unter 40 Fällen von Säuglingstuberkulose viermal ($= 10\%$) reinen Typus bovinus und noch einmal Typus bovinus und humanus gemeinsam vorgefunden. Mir scheint, das allein genügt schon, um jedem, der objektiv urteilen

---

1) Sitzungsbericht d. Königl. Preuß. Akad. d. Wissensch. 1912. S. 155. Kommissionsverlag G. Reimer. (Siehe den I. Vortrag dieser Sammlung.)
2) The journ. of med. research. Bd 27. September 1912.

kann, klarzumachen, daß die Rinderbacillen für den Menschen durchaus nicht gleichgültige Krankheitserreger sind, auf die man keine Rücksicht zu nehmen brauche. Einige Zahlen mögen die Bedeutung der bovinen Infektion für Kinder noch weiter beleuchten und besonders zeigen, wie ungeheuer groß der bovine Anteil bei gewissen Formen kindlicher Tuberkulose werden kann.

Ich zitiere zunächst einen Autor, dem gewiß niemand eine Vorliebe für die Rinderbacillen nachsagen kann, dessen Angaben deshalb wohl von keiner Seite als zu günstig für diese Bacillen lautend erklärt werden können. Kossel gibt in dem Handbuch von Kolle und Wassermann in bezug auf die Befunde bei Kindern (bis 16 Jahren) an, was ich in Tabelle 1 zusammengestellt habe: da sehen Sie z. B. bei Meningitis tuberculosa 10,7 % bovine Infektionen, bei generalisierter Tuberkulose 23,8 %, bei Tuberkulose der Halsdrüsen 40 % und bei Tuberkulose der Abdominalorgane gar nicht weniger als 49 %. Und so was soll nicht der Rede wert sein? Bei 384 tuberkulösen Kindern 103 Rindertuberkulosen, d. h. von 100 tuberkulösen Kindern waren 27 mit Rindertuberkulose behaftet!

Tabelle 1.

Typus bovinus bei Kindertuberkulose nach Kossel.

	Zahl der Kinder	Typus bovinus %
Tuberkulose der Knochen und Gelenke	69	4,3
Meningitis tuberculosa	28	10,7
Generalisierte Tuberkulose	134	23,8
Tuberkulose der Halsdrüsen	106	40,0
Tuberkulose der Abdominalorgane . .	47	49,0

Kossel verzeichnet bei Tuberkulose der Knochen und Gelenke nur 4,3 % Rinderbacillenfälle, daß aber auch bei diesen Erkrankungen mancherorts die Rinderbacillen noch eine ganz andere Rolle spielen können, dafür hat kürzlich Fraser aus dem Laboratorium des Königlichen College of Physicians in Edinburg den Beweis geliefert. Tabelle 2 gibt eine Uebersicht über seine Befunde nach den einzelnen Lebensjahren geordnet. Man sieht, wie die fünf ersten Lebensjahre die Hauptmenge der Fälle geliefert haben, wie aber auch in ihnen die bovine Tuberkulose um ein mehrfaches die humane übertrifft. Das erste Lebensjahr steht gegenüber dem zweiten bis vierten noch weit zurück, wies aber nur bovine Fälle auf.

Da diese Befunde immerhin auffällig sind, so will ich nicht unterlassen zu bemerken, daß Fraser zwar nicht die einzelnen Versuchsprotokolle ausführlich mitgeteilt, aber seine sämtlichen Fälle mit Angabe der Resultate der verschiedenen für die Differentialdiagnose der Typen angewandten Untersuchungsmethoden (Kultur auf verschiedenen Nährböden, Kaninchenversuch) angegeben hat, so daß jeder sich selbst sein Urteil über die Richtigkeit von Frasers Schlußdiagnosen bilden kann.

Tabelle 2.

Knochen- und Gelenktuberkulose bei Kindern nach Fraser.

Alter in Jahren	Zahl der Fälle	Typus bovinus	Typus humanus	Beide Typen
bis 1	4	4	—	—
1—2	12	9	1	2
2—3	15	11	3	1
3—4	10	6	4	—
4—5	6	3	3	—
5—6	3	—	3	—
6—7	5	3	2	—
7—8	6	4	2	—
8—9	1	—	1	—
9—10	1	—	1	—
10—11	3	1	2	—
11—12	1	1	—	—
Total	67	42	22	3
Erste 5 Jahre	47	32	12	3

Derselbe Untersucher hat noch eine Zusammenstellung seiner Fälle geliefert nach dem Gesichtspunkte, ob in der Familie des Kindes Tuberkulose auch sonst noch vorkam oder nicht. Dabei hat sich die sehr interessante Tatsache, welche Sie aus Tabelle 3 feststellen können, ergeben, daß bei den 21 Kindern aus tuberkulöser Familie der Typus humanus weit überwog.

Tabelle 3.

Bedeutung der Familientuberkulose für den Typenbefund nach Fraser.

In der Familie	Typus humanus	Typus bovinus
Tuberkulose	15 = 71 %	6 = 29 %
Keine Tuberkulose	9 = 17 „	43 = 83 „

Wir lernen aus dieser Zusammenstellung für Frasers Fälle zweierlei: 1. daß bei familiärer Infektion der Kinder die Uebertragung von Mensch zu Mensch offenbar den hauptsächlichsten Infektionsmodus darstellt, während die in nicht tuberkulösen Familien auftretenden Kindertuberkulosen vorzugsweise auf eine zum Rinde führende Infektionsquelle hinweisen; 2. daß die Familieninfektion bei diesem Untersuchungsmaterial keineswegs eine so ausschlaggebende Rolle gespielt hat, wie sonst vielfach angenommen wird. In einem vor kurzem in der Akademie der Wissenschaften über tuberkulöse Reinfektion gehaltenen Vortrag[1] habe ich bereits meine Ansicht dahin geäußert, daß man auf die Familien- und Wohnungsinfektion in neuerer Zeit etwas zu einseitig Wert gelegt hätte. Ich habe dabei auf die Forschungen Hillenbergs hingewiesen, welcher in ländlichen Ortschaften, in denen seit mindestens

---

1) Sitzungsbericht d. Königl. Preuß. Akad. d. Wissensch. 1913. S. 51. Kommissionsverlag G. Reimer. (Siehe den II. Vortrag dieser Sammlung. S. 23.)

einem Jahrzehnt ein Tuberkulosetodesfall sicher nicht vorgekommen war, bei der Untersuchung der Schulkinder nach Pirquet 25% positive Resultate erhielt, d. h. nach der herrschenden Auffassung ein Viertel aller Kinder tuberkulös infiziert fand, obgleich doch von einer Familien- oder Wohnungsinfektion hier nicht die Rede sein kann. Sicherlich wird man auch hier ein gut Teil der Infektionen auf gelegentlich in die Ortschaft gelangte menschliche Bacillenstreuer zurückführen dürfen, auch mögen bloße Bacillenträger wie für andere Infektionskrankheiten auch für die Tuberkulose in Rechnung gestellt werden können, aber nach allem, was wir von dem Vorkommen der Rinderbacillen bei Kindern wissen und was die Frasersche Tabelle so augenfällig lehrt, muß auch ein nicht geringer Teil von tuberkulösen Rindern herrühren, zu denen es ja gerade auf dem Lande genug Beziehungen gibt.

Fragen wir uns aber, welchen Weg vom Rinde zum Menschen die Rinderbacillen wohl zurücklegen werden, so ist kaum ein anderer in Betracht kommender vorhanden, als der durch die Milch. Nun hat man sich viele Mühe gegeben, Beweise dafür zu erbringen, daß durch den Genuß der Milch perlsüchtiger Kühe eine tuberkulöse Erkrankung entstanden sei, aber mit geringem Erfolge, wie das auch nicht anders zu erwarten war, denn wer will am lebenden Menschen mit Sicherheit entscheiden, ob eine Mesenterialdrüsentuberkulose vorhanden ist, oder ob es sich um eine bovine oder um eine humane Tuberkulose handelt? Wie der Ausspruch Robert Kochs: „es ist deshalb sehr die Frage, ob jemals ein Fall von menschlicher Tuberkulose einwurfsfrei auf den Genuß von Fleisch oder Milch von tuberkulösen Tieren zurückgeführt wird", auch heute noch Gültigkeit hat, so gilt auch der umgekehrte Satz, daß es unmöglich ist, zweifelsfrei festzustellen, daß lebende Menschen, welche bovine Bacillen enthaltende Milch getrunken haben, nicht an Rindertuberkulose erkrankt sind. Bevor nicht alle in Betracht kommenden Menschen auf dem Sektionstisch genau untersucht worden sind, hat niemand ein Recht zu sagen, diese Menschen hätten ungestraft diese Milch getrunken. Die Angabe Neufelds[1]), unter den 131 im Reichsgesundheitsamt untersuchten Kindern, welche Milch von eutertuberkulösen Kühen getrunken hatten, sei in keinem Falle eine Infektion durch Perlsuchtbacillen festgestellt worden, beweist deshalb um so weniger, als zugestandenermaßen bei 11 Kindern, das sind 8,4%, Krankheitserscheinungen gefunden wurden, die möglicherweise durch Perlsuchtbacillen bedingt sein könnten. Ehe man ein negatives Resultat verkündet, sollte man doch erst abwarten, was aus diesen 11 Kindern wird.

Man kann auch nicht einwenden, daß 8,4% zu wenig wäre, denn die Zeiten sind doch längst vorüber, wo man glauben machen wollte, es brauchten nur die pathogenen Mikroorganismen in den menschlichen oder tierischen Körper zu kommen, um die entsprechende Krankheit hervorzurufen. Die Bacillenträger haben uns das Gegenteil bewiesen, kein Verständiger kann heute mehr bezweifeln, daß allgemeine und örtliche Dispositionen eine maßgebende Rolle mitspielen. Die Tuber-

---

1) Tuberkulosis. 1912. Bd. XI. S. 179.

kulose macht keine Ausnahme. Erzeugt denn jeder humane Bacillus, der mit der Luft oder der Nahrung aufgenommen wird, eine Tuberkulose? Machen die zahllosen Bacillen, welche ein mit kavernöser Lungenschwindsucht behafteter Mensch verschluckt, notwendig eine Darmtuberkulose, oder machen die aus jedem tuberkulösen Herde ins Blut gelangenden Tuberkelbacillen alle auch neue metastatische Herde? Man braucht diese und ähnliche Fragen nur aufzuwerfen, um sie sofort kräftig zu verneinen. Weil Pettenkofer, obwohl er Choleravibrionen verschluckt hat, nicht an Cholera erkrankt ist, darum kann man doch die Choleravibrionen nicht zu für den Menschen gleichgültigen Parasiten stempeln, und weil F. Klemperer sich, anscheinend ohne Schaden zu nehmen, Rinderbacillen eingespritzt hat, darum kann man diese Bacillen doch noch lange nicht als harmlose Wesen erklären, nicht einmal für den Erwachsenen, geschweige denn für Kinder. Es liegen doch nun einmal die Beweise dafür vor, daß eine nicht geringe Zahl von Kindern an einer bovinen Tuberkulose leidet, und so müssen also diese Kinder vom Rindvieh aus infiziert sein; und da liegt für uns keine andere brauchbare Erklärungsmöglichkeit vor als Infektion durch die Milch.

Direkt läßt sich diese Erklärung, wie gesagt, kaum beweisen, aber sie kann doch durch mancherlei Tatsachen indirekt gestützt werden. Dahin gehört die schon vorher erwähnte Tatsache, daß die meisten bovinen Fälle in den ersten fünf Lebensjahren, in denen der Milchgenuß besonders groß zu sein pflegt, beobachtet wurden, dahin gehört die von Fraser für sein Material festgestellte Tatsache, daß bei den mit der Brust ernährten Kindern nur 27%, von den mit Kuhmilch großgezogenen aber über 85% an boviner Tuberkulose litten, wie aus der Tabelle 4 zu ersehen ist.

Tabelle 4.

Einfluß der Ernährung auf den Bacillentypus nach Fraser.

Ernährung	Zahl der Kinder	Typus humanus	Typus bovinus	Beide Typen
Kuhmilch	41	3	35	3
Brust	26	19	7	—
Total	67	22	42	3

Ganz entsprechende Beobachtungen sind auch an einem ganz anderen Orte, nämlich in New York, gemacht worden. Die Tabelle 5 läßt die auffallende Verschiedenheit der Bacillentypenbefunde erkennen, je nachdem die Kinder in gewöhnlicher Weise oder ausschließlich durch Kuhmilch in der Säuglingszeit ernährt worden sind. In dem Findelhaus, in welchem nur Kuhmilch zur Verwendung gelangt, waren nicht weniger als 55,5% aller an Tuberkulose verstorbener Kinder mit Rinderbacillen infiziert, während in einem anderen Krankenhaus, dessen Insassen nicht so einseitig ernährt worden sind, nicht einmal 7% bovine Fälle festgestellt wurden.

Tabelle 5.

Einfluß der Ernährung auf den Bacillentypus bei kleinen Kindern in New York. Nach Park und Krumwiede.

Bacillen-typus	Babies' Hospital Kinder unter 5 Jahren	Foundlings' Hospital Kinder unter 6 Jahren
	Mit üblicher Ernährung	Nur Kuhmilchernährung
humanus	59	4
bovinus	4	5

Selbst wenn man die Meinung Delépines, daß die Verminderung der Kindertuberkulose in Manchester mit der besseren Milchkontrolle zusammenhänge, nicht teilen will, weil auch noch andere hygienische Verbesserungen mitwirken könnten, so bleibt im höchsten Grade beachtenswert ein Fall, wie er von Monsarrat auf dem Hygienekongreß in Brüssel 1903 mitgeteilt worden ist, bei dem in einem beschränkten Bezirk nach dem zeitweiligen Bezug von Milch aus mit Tuberkulose verseuchten Kuhställen die Zahl der an Abdominaltuberkulose gestorbenen Kinder von 9 auf 38 stieg, um nach Beseitigung der verdächtigen Milch wieder zu fallen.

Dies alles weist doch so deutlich auf die Milch als Infektionsmittel, als Träger der bovinen Bacillen hin, daß ich mich zu dem Ausspruche für berechtigt halte, daß wir so lange mit größter Wahrscheinlichkeit die Milch als den Uebertrager der Perlsuchtbacillen ansehen dürfen, bis uns nicht ein anderer Infektionsweg nachgewiesen wird. Mag aber ein solcher auch noch aufgefunden werden, an der Tatsache wird dadurch nichts geändert, daß schon durch den Nachweis typischer boviner Bacillen festgestellt ist, daß die Rinderbacillen dem Menschen gefährlich sind, und daß insbesondere in der Jugend eine nicht geringe Anzahl von Kindern nicht nur an Rindertuberkulose leidet, sondern auch daran stirbt. Unmöglich kann man also die Rinderbacillen als für den Menschen fast völlig harmlos erklären.

Daß ich mit dieser Anschauung nicht allein stehe, dafür will ich nur einige Belege bringen. Schon im Jahre 1905 hat der Reichsgesundheitsrat festgestellt, daß nicht nur örtlich beschränkte, sondern auch Fälle, bei welchen die Erkrankung von der Eintrittspforte aus auf entferntere Körperteile übergegriffen und den Tod der betreffenden Person erzeugt hatte, durch Rinderbacillen erzeugt worden seien. Das British Department Commitee on Tuberkulosis faßte vor wenigen Monaten seine Ansicht in den Satz zusammen, es sei jetzt allgemein anerkannt, daß beide, der menschliche und der Rindertypus des Tuberkelbacillus, fähig seien, die Krankheit (d. h. Tuberkulose) in menschlichen Wesen zu erzeugen. Auf dem internationalen Tuberkulosekongreß in Rom im Frühjahr 1912 wurde die Resolution gefaßt: Die Ansteckung des Menschen durch den Bacillus bovinus sei zwar weniger häufig, trotzdem seien sämtliche prophylaktischen Maßnahmen gegen die Infektion mit diesen aufrecht zu erhalten. Endlich kann ich — zu meiner Freude muß ich sagen — darauf hinweisen, daß auch ein Vertreter des Kais. Gesundheitsamtes, dessen Mitglieder im allgemeinen auf der Gegenseite standen, Weber, neuerdings diesen Standpunkt anerkannt hat[1]). Er stellt zwar fest, daß für die Gesamtgefahr, die der Menschheit durch Tuberkulose droht, sicherlich im Vergleich zu den humanen die bovinen Bacillen eine untergeordnete Rolle spielen, gibt aber doch zu, daß die Zahl der bekannten bovinen Tuberkulosefälle, wenn man die Einzelindividuen ins Auge faßt, eine nicht zu unterschätzende Gefahr für die menschliche Gesundheit bedeutet, die jedenfalls die erforderlichen Vorsichts- und Vorbeugungsmaßregeln erforderten. Von diesem Standpunkte aus, so schreibt Weber, muß man denjenigen, welche in der Rindertuberkulose eine ernste Gefahr für die menschliche Gesundheit erblicken, recht geben.

M. H.! Aus Einzelindividuen setzt sich ein Volk, setzt sich die Menschheit zusammen, was eine ernste Gefahr für die Gesundheit der Einzelindividuen bedeutet, das muß auch eine Gefahr für unser Volk, für die ganze Menschheit bedeuten.

Dies alles gilt, wenn wir auch nur diejenigen menschlichen Tuberkulosen berücksichtigen, bei denen typische bovine Bacillen gefunden wurden. Ist aber damit die Bedeutung der Rinderbacillen für den Menschen erschöpft? Ich meine nicht, denn es bleibt zunächst noch mit der Möglichkeit zu rechnen, daß die beiden Typen der Tuberkelbacillen nicht scharf voneinander zu trennen sind, daß Uebergänge zwischen beiden, daß insbesondere eine Umwandlung von Rinderbacillen, die man doch wohl als die Stammform ansehen müßte, in menschliche Bacillen vorkommt. Ließe sich das nachweisen, so hätte mit einem Schlage die pathogene Bedeutung der Rinderbacillen eine schier unübersehbare Erweiterung erfahren. Die Frage ist noch keineswegs spruchreif, aber selbst die Hauptverteidiger der scharfen Trennung der Bacillentypen müssen doch die Berechtigung der Frage zugestehen, besonders seitdem für die Variabilität und Mutationsfähigkeit der verschiedensten Bakterien immer zahlreichere und sicherere Tatsachen beigebracht werden konnten. Man kann sicher der erst jüngst von Weber[2]) in der Berliner mikrobiologischen Gesellschaft gegebenen Anregung, die Untersuchungen über Mutation auch auszudehnen auf die Gruppe der säurefesten Bacillen, nur zustimmen, da seine Meinung, daß sich vielleicht dadurch neue Gesichtspunkte zur Beantwortung der Frage nach den Beziehungen zwischen humanen und bovinen Tuberkelbacillen ergeben würden, eine durch die jetzt schon bekannten Tatsachen wohlbegründete erscheint. Es bestehen zwar zweifellos Tatsachen, welche gegen eine Umwandlung des einen in den andern Typ zu sprechen scheinen, so vor allem die Tatsache, daß man jahrelang bei demselben Menschen immer wieder denselben typischen Bacillenstamm züchten konnte (in einem Falle war es gerade ein boviner), aber auch die andere Tatsache, daß man überhaupt in der Mehrzahl der Fälle aus tuberkulösen Produkten des Menschen reine Typen der einen oder der anderen Art züchten konnte, endlich auch die Tatsache, daß in Fällen, wo beide Typen aus demselben Menschen gezüchtet wurden, eben eine scharfe Trennung der beiden Typen ohne Uebergangsformen möglich war.

<hr>

1) Zentralbl. f. Bakteriol. 1912. Bd. 64. S. 243.
2) Berliner klin. Wochenschr. 1913. Nr. 2. S. 88.

Auf der anderen Seite sind aber von den verschiedensten Untersuchern an den verschiedensten Orten uncharakteristische, sogenannte atypische Bacillenstämme gezüchtet worden, welche teils Eigenschaften des einen, teils solche des anderen Typus darboten. Es kann sich dabei zum Teil um Mischinfektionen handeln, aber man muß und darf daran denken, daß man es hier mit Uebergangsformen zu tun hat, bei denen eben das Ende der Entwicklung noch nicht erreicht ist. Es handelt sich hier nicht um bloße Virulenzverschiedenheiten, wie solche auch bei den reinen Typen vorkommen, ohne daß diese darum aufhören, reine Typen zu sein, aber sicherlich spielt eine Virulenzänderung auch bei ihnen eine wesentliche Rolle.

Ich kann und will hier auf diese Frage, welche ebenfalls noch ihrer endgültigen Entscheidung harrt, nicht näher eingehen, darf es aber doch nicht unterlassen, der Untersuchungen Ebers zu gedenken, welche besonders deshalb so wichtig sind, weil bei ihnen die Kontrolle am Rinde vorgenommen worden ist. Die Eberschen Resultate werden weiter nachgeprüft werden müssen, aber sie sind doch so interessant und wichtig, daß ich sie hier kurz erwähnen will, so wie sie der Autor jüngst selbst gegeben hat[1]). Tabelle 6 zeigt, daß Eber in

Tabelle 6.

Ebers Resultate bei Rinderinfektion.

Alter	Zahl der Fälle	Typus bovinus		Typus humanus
		sofort	nach Passage	
Kinder	17	6	3	8
Erwachsene	14	1	4	9

17 Kinderfällen 6 mal ($= 35{,}3\,^0/_0$), in 14 Fällen Erwachsener 1 mal ($= 7{,}1\,^0/_0$) sofort eine schwere Infektion bei Kälbern erzeugen konnte, daß 8 Kinderfälle, 9 Erwachsenenfälle für Rinder avirulente Bacillen ergaben, daß aber außerdem bei 3 Kindern und 4 Erwachsenen, darunter 3 Lungenschwindsüchtigen, durch ein- oder mehrmalige Rinderpassage für Rinder vollvirulente und auch die Wuchsform der Rinderbacillen zeigende Stämme zu erzielen waren. Eber hatte also schließlich aus den 17 Kindern 53 $^0/_0$, aus den 14 Erwachsenen 35,7 $^0/_0$ rindervirulente Stämme gezüchtet. Wenn Nachuntersucher ein gleiches oder auch nur ähnliches Resultat erzielen sollten, so wäre alles in Schatten gestellt, was wir bisher von der Uebertragbarkeit menschlicher Tuberkulose auf Rindvieh gewußt haben, und wir müßten dementsprechend auch umgekehrt die Gefahr, die dem Menschen von den Rinderbacillen droht, um ein Erhebliches höher einschätzen.

Aber auch damit sind noch nicht alle Möglichkeiten betreffs der Bedeutung der Rinderbacillen für den Menschen erschöpft, sondern es bleibt noch die Frage zu erörtern übrig, ob nicht das Ueberstehen einer Perlsuchterkrankung in der Jugend einen Einfluß hat auf tuber-

---

1) Congr. d. Royal Institute of public health. Berlin 1912. S. 712.

kulöse Erkrankungen im späteren Alter. Die graphische Darstellung Delépines hat uns klar vor Augen geführt, was ja freilich jeder Arzt weiß, wie sehr beim Erwachsenen die tuberkulöse Lungenschwindsucht, die Phthisis pulmonum, das Feld beherrscht. Wie entsteht die Lungenschwindsucht? Diese Frage hängt eng zusammen mit der anderen Frage: Gibt es eine tuberkulöse Reinfektion? Und diese wieder ist nicht zu trennen von der dritten Frage: Gibt es eine durch Ueberstehen einer tuberkulösen Erkrankung erworbene Immunität? Ich habe diese Fragen vor kurzem in dem schon erwähnten Akademievortrag (Ueber tuberkulöse Reinfektion und ihre Bedeutung für die Entstehung der Lungenschwindsucht s. S. 23) erörtert, auf den ich hier verweise. Nur die Resultate, zu denen ich gekommen bin, will ich kurz darlegen.

Es gibt eine gewisse erworbene Immunität gegen Tuberkulose, aber diese ist nicht imstande, eine spätere Reinfektion unschädlich zu machen, vielmehr kann sowohl aus einem alten tuberkulösen Herd eine Neuinfektion der Nachbarschaft wie entfernter Organe entstehen (endogene Reinfektion), als auch von außen her eine neue Infektion erfolgen (exogene Reinfektion). Weder die endogene noch die exogene Reinfektion setzt eine Massenverbreitung oder ein Masseneindringen von Bacillen voraus, sondern es genügt dazu offenbar eine geringe Menge. Als Beweis für eine exogene Reinfektion kann ich einen Fall anführen, bei dem meine Mitarbeiterin, Frau Rabinowitsch, in einer verkalkten Lymphdrüse, also einem alten, in Abheilung begriffenen tuberkulösen Herde, einen Typus bovinus, in frischen Lungenherden einen Typus humanus festgestellt hat.

Was nun die Lungenschwindsucht betrifft, so ist sie das Resultat immer neuer örtlicher Reinfektionen, welche wohl der Hauptsache nach, bei der atypischen (in unteren Lungenabschnitten sitzenden) Kinderphthise wohl immer, endogener Natur sind, bei denen aber niemand sicher sagen kann, ob nicht auch ein- oder mehrmalige exogene Reinfektionen eine Rolle spielen. Das zeigt schon, daß in der Lunge keine Immunität gegen Tuberkulose durch die Erkrankung selbst erworben wird, daß aber auch von Anfang an keine nennenswerte Immunität vorhanden gewesen sein kann, denn sonst hätte überhaupt keine Tuberkulose entstehen können. Daß aber auch der übrige Körper trotz der chronischen tuberkulösen Lungenerkrankung eine Immunität nicht gewinnt, das beweisen die keineswegs ganz seltenen Fälle von tödlicher akuter Miliartuberkulose (besonders Meningitis tuberculosa) im Verlauf einer chronischen Lungenschwindsucht.

Das Problem der Phthisiogenese ist das Problem der Entstehung des oder der ersten tuberkulösen Herde in der Lunge.

Der anatomische Befund ergibt in einer großen Anzahl von Phthisisfällen keinen Anhalt dafür, daß die Lungenschwindsucht an einen älteren, etwa aus der Jugend stammenden Herd als neue Erkrankung sich angeschlossen habe; ich muß deshalb bis auf weiteres annehmen, daß ein Teil der Schwindsuchtsfälle auf einer im späteren Leben eingetretenen erstmaligen exogenen Infektion beruht. Es muß freilich die Möglichkeit zugelassen werden, daß in solchen Fällen ein kleiner alter Herd übersehen worden ist, oder daß die erste Erkrankung so abgeheilt war, daß ihre Spuren nicht mehr zu erkennen waren; es muß aber auch dann die Schwindsucht auf eine exogene Infektion zurückgeführt werden.

Bei einem anderen Teil von Schwindsüchtigen findet man aber deutliche alte Herde, welche zeigen, daß die Schwindsucht in einem schon tuberkulös infiziert gewesenen Körper entstanden ist, doch braucht auch in solchen Fällen die Lungeninfektion nicht auf einer endogenen Reinfektion zu beruhen, wie der vorher erwähnte Fall beweist, bei dem, ohne daß man Uebergangsformen bemerkt hätte, in der schwindsüchtigen Lunge ein anderer Bacillentypus festgestellt wurde als in der verkalkten Lymphdrüse.

Es bleibt die Frage, ob durch das Ueberstehen einer geringfügigen, in oder außerhalb der Lunge Veränderungen setzenden Infektion das Haften einer neuen, sei es endogenen, sei es exogenen Infektion begünstigt wird.

An dieser Stelle, in der Sitzung am 2. Mai 1906, habe ich als erster darauf hingewiesen und die Beweise dafür erbracht, daß durch eine Vorbehandlung mit wenig virulenten Tuberkelbacillen, die nur örtliche tuberkulöse Veränderungen erzeugten, Meerschweinchen so beeinflußt werden können, daß eine zweite Infektion, die mit virulenten menschlichen Tuberkelbacillen erfolgte, nicht wie gewöhnlich eine Miliartuberkulose in den Lungen, sondern eine echte Phthisis pulmonum gemacht hat. Gleiche Erfolge wurden auch von vielen anderen Untersuchern erzielt, so daß man mit der Tatsache rechnen muß, daß durch Ueberstehen einer leichteren tuberkulösen Erkrankung Verhältnisse erzeugt werden, welche der Entwicklung einer Lungentuberkulose nicht nur, sondern einer Lungenschwindsucht günstig sind. Dies gilt nicht nur für Meerschweinchen, sondern auch für andere Tiere, unter anderen auch für Kaninchen, die insofern dem Menschen in ihrem Verhalten gegenüber einer tuberkulösen Infektion näher stehen, als bei ihnen auch durch einmalige Infektion phthisische Lungenveränderungen erzeugt werden können. Es ist mir aber gelungen, nach Vorinfektion mit menschlichen Bacillen durch eine Reinfektion mit Rinderbacillen so häufig schwerste Lungenerkrankungen zu erzeugen, daß ich auch für das Kaninchen die Gültigkeit der Regel als festgestellt betrachten darf. Ich habe einige der phthisischen Lungen mitgebracht, an denen Sie die Schwere der erzeugten Krankheit sofort erkennen werden.

Fragen wir nach der Art der durch die erste Infektion erzeugten Veränderung, so kann ich unmöglich annehmen, daß eine erworbene Immunität das Maßgebende sein sollte, denn ich kann mir durch eine solche, die doch nur eine allgemeine, nicht eine bloß die Lungen betreffende sein kann, durchaus nicht erklären, warum gerade in der Lunge die Erreger der Reinfektion sich ansiedeln, und ich kann mir weiter nicht erklären, warum nur in den Lungen der Prozeß immer weiter um sich greift und zur Schwindsucht führt. Meines Erachtens können hierfür nicht allgemeine, sondern nur örtliche Bedingungen maßgebend sein. In den Lungen muß infolge der ersten Erkrankung eine Veränderung vor sich gehen, die wir zwar in ihrem inneren Wesen nicht kennen, deren Wirkung wir aber bei einer Reinfektion deutlich vor Augen sehen. Wenn ich dafür den Ausdruck Disposition,

örtliche Disposition gebrauche, so ist damit ja über die Art der Veränderung, die wir, ich wiederhole es, nicht kennen, gar nichts gesagt,
aber es ist doch das Wichtigste, der Erfolg der Veränderung, die
Abschwächung der Widerstandskraft des Lungengewebes gegen die
angreifenden Feinde, die virulenten Tuberkelbacillen, zum Ausdruck
gebracht und auf eine Tatsache hingewiesen, welche bei der menschlichen Tuberkulose überhaupt eine große Rolle spielt: die örtliche
Disposition beherrscht die Lokalisation der tuberkulösen Veränderungen
überhaupt und diejenige in den Lungen ganz im besonderen. Diese
erworbene örtliche Disposition macht sich aber nicht nur geltend
bei dem Initialaffekt, sondern auch bei dem Fortschreiten des Prozesses
auf immer neue Lungenabschnitte, denn gerade dabei kann eine erworbene Immunität, die doch mit der Dauer des Prozesses immer
stärker werden sollte, unmöglich das Maßgebende sein.

Was für so viele Tiere gilt, darf mit einem gewissen Rechte
auch auf den Menschen Anwendung finden, wir sind also berechtigt,
damit zu rechnen, daß mit einer gewissen Wahrscheinlichkeit auch
beim Menschen durch Ueberstehen einer tuberkulösen Erkrankung in
der Jugend eine Disposition für die Entwicklung einer Lungenschwindsucht bei einer späteren Reinfektion erzeugt wird, daß sie es ver-
schuldet, wenn aus der ersten Reinfektion in so zahlreichen Fällen
durch immer neue örtliche Reinfektionen eine chronisch fortschreitende
Tuberkulose, eine Lungenschwindsucht entsteht. Ich kann in dieser
Disposition nichts Günstiges, sondern nur etwas Unheilvolles, eine
Verschlechterung, nicht wie bei der Immunisierung eine Verbesserung
der Konstitution erblicken. Man darf nicht sagen, wäre die erste
Infektion nicht gewesen, so hätte die Reinfektion eine akute tödliche
Tuberkulose erzeugt, so aber hat sie eine milder verlaufende, wenn
auch allmählich zur Schwindsucht führende Erkrankung hervorgerufen,
sondern meines Erachtens liegt die Sache vielmehr so, daß ohne die
erste Infektion die Reinfektion vielleicht überhaupt keine schwere
Tuberkulose erzeugt hätte, weder in der Lunge noch sonst wo. Ich
vermag demnach auch in der ersten Infektion, sagen wir gleich in
der Jugendinfektion, nichts Günstiges, sondern unter allen Umständen
nur etwas absolut Gefährliches zu erkennen. Da nun ca. 10 % aller
Jugendinfektionen durch den Rinderbacillus erzeugt werden, so folgt
ohne weiteres, daß dieser nicht bloß durch das, was er direkt erzeugt,
sondern auch durch die Vorbereitung einer späteren Lungenschwindsucht dem Menschen gefährlich wird, daß also seine ungünstige Bedeutung wahrscheinlich noch viel höher eingeschätzt werden muß, als
das schon nach seiner primär krankheitserregenden Wirkung zu geschehen hat.

Wenn ich also zusammenfasse, so ist festgestellt, daß Tuberkelbacillen, welche den unzweifelhaften Charakter der Rinderbacillen
tragen, seltener bei Erwachsenen, aber im Mittel in 10 % aller tuberkulöser Kinder nicht nur leichtere, örtliche, sondern auch schwere
örtliche und generalisierte, zum Tode führende Erkrankungen erzeugen,
es ist aber auch noch weiter damit zu rechnen, daß infolge einer
Variabilität der Bacillen anscheinend humane doch im Grunde auf
bovine zurückzuführen sind, der Wirkungskreis der Rinderbacillen also

ein noch viel ausgedehnterer ist, und endlich muß auch damit gerechnet werden, daß eine infantile bovine Infektion es mitverschuldet, daß später eine Lungenschwindsucht sich infolge einer Neuinfektion entwickelt.

Mag man auch diesen Zuwachs der Bedeutung der Rinderbacillen in den beiden letzten Beziehungen als einen mehr oder weniger hypothetischen betrachten, so ist er doch jedenfalls dazu angetan, die Forderung, welche sich aus der relativen Häufigkeit der nachweislichen Rindertuberkulose beim Menschen von selbst ergibt, noch weiter zu stützen, die Forderung, daß man auch den Kampf gegen die Rindertuberkulose nicht vernachlässigen darf. Kein Verständiger denkt daran, durch alleinige Bekämpfung der Rindertuberkulose die Tuberkulose überhaupt im Menschengeschlecht ausrotten zu wollen, sondern wir alle stellen den Kampf gegen die menschlichen Bacillen in erste Reihe, aber dieser eine Kampf schließt doch nicht aus, daß man auch den anderen kämpft, und ich kann es nur als eine nichtssagende Phrase betrachten, wenn gesagt wird, man dürfe sich nicht auf Nebenwege locken lassen. Wie im Kriege nicht nur die Hauptarmee, sondern auch Nebenabteilungen sehr wesentlich zur Erreichung des Endzieles, des Sieges, beitragen können, so wird auch ein Kampf gegen die Rinderbacillen neben dem Hauptkampf gegen die Menschenbacillen nicht als Abweg bezeichnet werden dürfen, sondern als ein Nebenkampf, der aber sehr wesentlich zu dem Endresultat, der Ausrottung der Tuberkulose, beitragen kann, ja beitragen muß. Wir müssen auch die Rinderbacillen nicht nur aus volkswirtschaftlichen Gründen, sondern um des Wohles der Menschheit willen bekämpfen, denn so wahr es ist, daß niemals durch Vernichtung der Rinderbacillen die menschliche Tuberkulose ausgerottet werden könnte, so wahr und unumstößlich feststehend ist es doch auch, daß die Tuberkulose unter dem Menschengeschlechte nicht verschwinden kann, so lange noch immer von neuem Perlsuchtbacillen von Tieren auf den Menschen übertragen werden können.

Den Kampf gegen die Rinderbacillen dürfen wir aber nicht den Veterinären und den Viehhaltern überlassen, denn dabei ist nicht nur das Rindvieh, sondern auch die Menschheit interessiert, und die Sorge um die Gesundheit der Menschen ist Aerztesache. Die Wächter der öffentlichen Gesundheitspflege haben die allgemeinen Maßnahmen zu ergreifen, um auch für die Rinderbacillen den Weg vom Tier zum Menschen zu verlegen, jeder Hausarzt aber hat auch seinerseits darauf acht zu haben, daß die seiner Fürsorge anvertraute Familie, vor allem ihre Kinder, so viel wie möglich auch vor dieser Gefahr behütet werde. Auch mit dieser Ansicht stehe ich nicht allein, sondern sowohl der Reichsgesundheitsrat in Deutschland, als auch die bekannte englische Kommission und andere mehr haben sich in diesem Sinne ausgesprochen, und auch auf dem vorjährigen internationalen Tuberkulosekongreß in Rom ist beschlossen worden, sämtliche prophylaktische Maßregeln gegen die Infektion mit Rindertuberkelbacillen seien aufrecht zu erhalten. Ueber ein Jahrzehnt haben sich in dieser Frage zwei Parteien feindlich gegenüber gestanden, es ist aber begründete Aussicht vorhanden, daß eine Einigkeit erzielt wird, denn auch von hervorragenden Vertretern der Gegenpartei, wie Weber, wird anerkannt, daß die von den Rinderbacillen drohende Gefahr „jedenfalls die erforderlichen Vorsichts- und Vorbeugungsmaßregeln erfordert“. Mehr kann und soll man nicht verlangen: Kampf gegen die humanen Bacillen in erster Linie, aber auch Kampf gegen die Rinderbacillen; das Große tun, aber auch das Kleine nicht lassen!

Hr. Orth (Schlußwort in der Debatte, 12. März 1913): Es sind in der Debatte wesentlich neue Gesichtspunkte meines Erachtens nicht hervorgetreten. Es sind aber allerhand Bedenken vorgebracht worden, freilich Bedenken über Punkte, bei denen ich selber schon nicht mit Bedenken zurückgehalten habe. Mein Hauptargument, nämlich der Nachweis von Bacillen des bovinen Typus beim Menschen, speziell bei Kindern, ist nicht entkräftet, sondern im Gegenteil ja von verschiedenen Seiten anerkannt worden.

Die von Herrn Fraser ausgehende Mitteilung habe ich selber als auffällig charakterisiert. Indes, ich sehe nicht ein, warum man einem solchen Forscher Mißtrauen entgegenbringen soll, der an einem geeigneten Institut gearbeitet hat, und der, wenn er auch nicht jedes einzelne Protokoll veröffentlicht hat, doch die Resultate der einzelnen Prüfungsmethoden, denen er die betreffenden Bacillen unterzogen hatte, tabellarisch mitgeteilt hat. Ich bemerke aber noch einmal, ich habe ganz besonderen Wert auf die Kosselsche Zusammenstellung gelegt, und da darf ich denn doch vielleicht noch einmal darauf hinweisen, daß in dieser Zusammenstellung bei 209 Todesfällen von Kindern, die an Meningitis, an generalisierter Tuberkulose oder an Abdominaltuberkulose gestorben waren, in 58, d. h. in 28 % der Typus bovinus vorhanden gewesen ist. Das waren also nicht Erkrankungen, sondern Todesfälle an Typus bovinus.

Ist die bovine Tuberkulose des Menschen eine Volkskrankheit?

Nun, ich habe in meinem Vortrage den Ausdruck Volkskrankheit diesmal nicht gebraucht, Herr Weber hat auch durchaus richtig erwähnt, daß ich ihn in einem meiner Vorträge, die ich in der Akademie der Wissenschaften gehalten habe, gebraucht habe; ich bin aber durchaus erbötig, den Ausdruck auch hier zu vertreten. Es kommt nicht auf relative, sondern auf absolute Zahlen an, wenn man wissen will, ob man eine Krankheit als Volkskrankheit bezeichnen darf, und da darf ich darauf hinweisen, daß Herr Bendix in einem Vortrage, den er im Jahre 1911 gehalten hat, dargelegt hat, daß im Deutschen Reiche jährlich 27 200 Säuglinge an Tuberkulose sterben[1]).

---

[1]) Diese Angabe ist einem populären Vortrage des Herrn Bendix entnommen, sie stammt aber ursprünglich nicht von ihm, sondern von Schloßmann bzw. Berger. Herr A. Gottstein hatte die Güte, mich darauf aufmerksam zu machen, daß er in einem Referat über die Bergersche Veröffentlichung in der Deutschen med. Wochenschrift, 1912, S. 87, auf die zweifelhafte Grundlage dieser Berechnung hingewiesen hat, sowie darauf, daß, was Schloßmann nur als Hypothese gegeben, von Berger als Tatsache hingestellt worden ist. Ich versteife mich nicht auf die Zahl; selbst wenn sie zu hoch gegriffen ist, so wird an der Tatsache nichts geändert, daß bereits eine große Anzahl Säuglinge jährlich an Rindertuberkulose stirbt.

Wenn wir nun nachsehen: wie ist der Prozentsatz der bovinen Fälle bei Säuglingen, so haben Sie aus meinem Vortrage entnommen, daß er teilweise sehr hoch angegeben wird. Ich will mich aber bescheiden und will das annehmen, was Herr Neufeld, ein Mitglied des Kaiserlichen Gesundheitsamtes, festgestellt hat, der 40 Fälle von Säuglingstuberkulose untersucht hat und dabei viermal reinen Typus bovinus und noch einmal dazu bovinus gemischt mit humanus gefunden hat. Lassen wir den letzten Fall ganz außer acht, so haben wir 10% bovine Fälle. Nehmen wir 10% von den jährlich an Tuberkulose sterbenden Säuglingen, so haben sie immerhin 2720 Säuglinge, die jedes Jahr in Deutschland an boviner Tuberkulose sterben.

Wollen wir uns eine Vorstellung machen, wie groß die Zahl der bovin infizierten Kinder in Deutschland überhaupt ist, so können wir uns ja natürlich nur an die Untersuchungen halten, die an Lebenden vorgenommen sind. Ich habe schon in meinem Vortrage hervorgehoben, daß man den Ausfall der Pirquetschen Reaktion vielleicht nicht ohne weiteres als Beweis nehmen kann. Aber wir haben vorläufig nichts anderes, und Herr Eckert hat ja auch heute wieder aus der Heubnerschen Klinik die Erfolge der Pirquetschen Reaktion mitgeteilt. Nun, Sie wissen, daß Herr Hamburger z. B. bei seinen Untersuchungen bei Kindern von 12—13 Jahren 95% mit Reaktion gefunden hat. Herr Jacob, der den verseuchtesten Ort in Deutschland untersucht hat, hat bei schulpflichtigen Kindern 46%, in etwas späterer Lebenszeit sogar bis 70% gefunden. Herr Hillenberg hat in ländlichen Bezirken, wo teilweise seit 10 Jahren niemand an Tuberkulose gestorben war, wenigstens nicht an Schwindsucht, als Durchschnitt bei den Kindern zwischen dem 6. und 15. Lebensjahr $25,9\%$ Tuberkulöse gefunden. Wir werden vielleicht keinen Fehler begehen, wenn wir sagen, daß die Kinder bis zum 15. Jahre hin bis zu 20% eine Tuberkuloseinfektion erfahren haben. Das Deutsche Reich besitzt rund 60 Millionen Einwohner. Das Lebensalter bis zum 15. Lebensjahr umfaßt rund $1/3$, d. h. also 20 Millionen. Wenn davon 20% tuberkulös sind, so haben wir 4 Millionen tuberkulöse Kinder. Sind davon 10% — die Zahlen von Herrn Eckert sprechen doch auch durchaus für diese 10% — dem Typus bovinus zuzurechnen, so haben wir pro Jahr 400000 Kinder, die vom Typus bovinus infiziert sind. Man macht Fehler in solchen Berechnungen. Wir wollen 50% Fehler rechnen, dann haben wir immer noch 200000 Kinder, welche mit Typus bovinus infiziert sind.

Was nennt man eine Volkskrankheit? Das ist subjektiv. Ich überlasse es Ihnen, ob Ihnen diese Zahlen schon genügen, um von einer Volkskrankheit zu sprechen. Mir genügen sie. Dann kommt noch hinzu, daß wir ja auch beim Erwachsenen Fälle von Typus bovinus haben und vor allen Dingen beim Lupus. Man hat eine Gesellschaft begründet, einen Bund zur Bekämpfung des Lupus, weil der Lupus eine Volkskrankheit sei. Die Hälfte der Lupusfälle gehört, wie es scheint, in das Gebiet des Typus bovinus hinein. Also auch hier, meine ich, hat man wohl das Recht, von einer Volkskrankheit zu sprechen.

Nun, mögen Sie das so nennen oder nicht — es kommt darauf nicht an, sondern darauf, daß eine ganz erkleckliche Anzahl von Menschen an Typus bovinus erkrankt und stirbt, und da müssen wir fragen: Woher kommt denn der Typus bovinus? Wie die Sachen hier liegen, kann er doch nur vom Rindvieh kommen, und wenn wir fragen, auf welche Weise kommt er in den Menschen, dann bleibt doch gar kein anderer verständlicher Weg als die Milch. Mögen also die Untersuchungen über die Milch vorläufig noch wenig günstig dafür ausgefallen sein — den Tatsachen gegenüber bleibt doch gar nichts anderes übrig, als die Milch für das Vehikel anzusehen, und ich meine, wir haben ein volles Recht, bis uns etwas anderes bewiesen wird, mit an Gewißheit grenzender Wahrscheinlichkeit anzunehmen, daß die Uebertragung durch die Milch geschieht.

Nun habe ich das Hauptargument, das Vorkommen typischer Rinderbacillen beim Menschen, noch durch zwei weitere Betrachtungen zu unterstützen gesucht. Erstens durch den Hinweis darauf, daß es doch sehr möglich ist, daß der Typus bovinus und der Typus humanus ineinander übergehen. Ich habe die Gründe gegen einen solchen Uebergang, wie ich glaube, offen und ehrlich mitgeteilt. Ja, ich bin sogar, wie ich meine, etwas zu weit gegangen, indem ich verlangt habe, es sollten Uebergangsformen gefunden werden.

Was wir bis jetzt von der Mutation der Bakterien wissen[1]), spricht nicht dafür, daß Uebergangsformen da sind, sondern wir finden dicht nebeneinander die Stammform und die modifizierte Form. Es gibt Forscher, die sogar leugnen, daß bisher überhaupt eine Uebergangsform gefunden worden sei. Das mag dahingestellt bleiben. Aber die Tatsache ist sicher, daß man in derselben Kultur den primären und den mutierten Organismus ohne Uebergänge nebeneinander hat.

Ich habe aber den Uebergang gefordert, weil ich überzeugt bin, daß es atypische Formen von Tuberkelbacillen gibt. Auch die englische Kommission hat ja nicht alle ihre Fälle als Mischfälle erkennen können. Aber selbst wenn sich durch weitere Untersuchung herausstellen sollte, daß in allen Fällen, wo sogenannte atypische Formen gefunden worden sind, nebeneinander Typus bovinus und Typus humanus vorhanden gewesen ist, so beweist das nichts gegen die Mutation, denn ich habe ja eben gesagt: was bis jetzt von der Mutation bekannt ist, zeigt, daß ohne Uebergang nebeneinander die eine Form und die andere Form vorhanden ist. Also auch wenn wir eine Mischung von Typus bovinus und Typus humanus haben, so könnte da doch eine innere Beziehung zwischen den beiden Formen existieren.

Ich habe dann weiter auf die Phthise hingewiesen. Es ist gesagt worden: Wir brauchen die bovinen Bacillen für die Phthise nicht. Das ist genau das, was ich gesagt habe, denn ich habe dargelegt, daß ich die Ansicht, jede Phthise stamme von einer Jugendinfektion, nicht teilen kann, sondern es ist ein erklecklicher Teil der Phthisen als aus primärer Infektion im späteren Lebensalter entstanden aufzufassen, und da spielen die bovinen Bacillen· keine Rolle. Ich habe freilich gesagt, bei einem anderen Teil liegt die Möglichkeit vor, hinweisend auf die Beobachtung bei Tieren, daß eine juvenile Infektion eine Disposition für Lungenerkrankung gemacht hat. Bei den juvenilen Formen nehme ich

---

1) Vergl. Reiner Müller, Bakterienmutationen. Zeitschr. f. indukt. Abstammungs- und Vererbungslehre. 1912. Bd. 8. S. 305.

aber nur 10% für die bovinen Bacillen an, so daß also auch nach meiner Meinung bei der Phthisis pulmonum die bovinen Bacillen als Dispositionserzeuger keine große Rolle spielen, aber doch immerhin eine gewisse Rolle.

Daß ich diese beiden letzten Möglichkeiten, die Mutation und die Beziehung zur Lungenphthise nicht als sicherstehende Tatsachen angesehen habe, werden Sie aus der Veröffentlichung meiner Abhandlung, die natürlich ein wenig erweitert nach dem Vortrage gemacht ist, lesen können, denn da steht: Mag man auch diesen Zuwachs der Bedeutung der Rinderbacillen in den beiden letzten Beziehungen als einen mehr oder weniger hypothetischen betrachten, so ist er doch jedenfalls dazu angetan, die Forderung, welche sich aus der relativen Häufigkeit der nachweislichen Rindertuberkulose beim Menschen von selbst ergibt, noch weiter zu stützen.

Diese Forderung habe ich bereits vor 10 Jahren von dieser Stelle aus aufgestellt und verteidigt, und die Forderung lautet: Kampf auch gegen die bovinen Bacillen!

Herr Weber hat das Kaiserliche Gesundheitsamt gegen meine Bemerkung in Schutz genommen, daß es den Rinderbacillen nicht wohl geneigt sei. Ich bin nicht der Meinung des Herrn Westenhöfer, daß Herr Weber seine Meinung nicht klar und deutlich ausgedrückt habe. Herr Weber hat aber selbst gesagt, die Anerkennung der Bedeutung der Rinderbacillen durch das Kaiserliche Gesundheitsamt sei im Laufe der Untersuchungen eine größere geworden. Sie war also ursprünglich eine kleinere, und das kann uns nicht wundernehmen, wenn wir die Beziehungen berücksichtigen, die zwischen dem Kaiserlichen Gesundheitsamt und Robert Koch bestanden haben, Robert Koch, der doch im Jahre 1901 gesagt hat, er halte es für nicht geboten, irgendwelche Maßregeln dagegen — nämlich gegen die Rindertuberkulose — zu ergreifen. Noch 1905 hat Koch gesagt: Für Tuberkulosebekämpfung kommen mithin nur die vom Menschen ausgehenden Tuberkelbacillen in Betracht. Koch hat bekanntlich seine Ansicht geändert. Er hat später die Bekämpfung auch der bovinen Bacillen als „sehr nützlich" bezeichnet. Aber, wie es oft geht, so sind manche Schüler Koch's päpstlicher als der Papst gewesen, und zwar zum Teil unter direkter Bezugnahme auf die Arbeiten des Kaiserlichen Gesundheitsamtes.

Daß Herr F. Klemperer noch immer vor den Tatsachen hartnäckig die Augen verschließt, haben Sie selbst bemerken können. Wichtiger ist, daß Männer, welche bei der Tuberkulosebekämpfung an hervorragender Stelle stehen, noch in jüngster Zeit die Irrlehre von der Bedeutungslosigkeit der Rinderbacillen in das Volk hineingetragen haben.

Der Generalsekretär des Deutschen Zentralkomitees zur Bekämpfung der Tuberkulose, Prof. Nietner, hat in einem populären Vortrage 1911 noch verkündet: daß der Mensch nicht vom Rind und das Rind nicht vom tuberkulösen Menschen angesteckt wird, sei mit ziemlicher Sicherheit festgestellt, und behauptet, alle Männer der Wissenschaft müßten soviel zugeben, daß, wenn eine Anstockung durch Milch, Butter usw. für den Menschen möglich sei, diese nur so selten vorkomme, daß es für die große Bekämpfung der Tuberkulose als Volkskrankheit gar nicht in Betracht komme.

Noch schärfer hat sich der Leiter der Medizinalabteilung des Ministeriums des Innern, der schon durch diese seine Stellung eine maßgebende Persönlichkeit in der Tuberkulosebekämpfung ist, Herr Kirchner, in der „Woche" im Jahre 1911 geäußert. Für ihn kann die Tuberkulose des Menschen nicht entstehen durch Genuß von Milch tuberkulöser Rinder, sondern allein durch Berührung mit tuberkulosekranken Menschen. Der tuberkulosekranke Mensch ist für ihn die einzige Quelle der Tuberkulose, und daher könne die Ausbreitung der Tuberkulose nur durch Maßregeln verhütet werden, die sich gegen den kranken Menschen richten. Als Grund für diese Behauptung wird angeführt, daß durch grundlegende Arbeiten des Kaiserlichen Gesundheitsamts und anderer Forscher mit Sicherheit festgestellt worden sei, daß in der Tat die Tuberkelbacillen des Menschen für Rinder so gut wie ungefährlich und umgekehrt die Rinderbacillen für den Menschen fast völlig harmlos sind.

Sie werden es begreifen, daß ich gegenüber diesen einseitigen und irrigen, auf die Arbeiten des Kaiserlichen Gesundheitsamtes sich berufenden Lehren mich freue, nach den wiederholten Erklärungen des Herrn Weber jetzt Arm in Arm mit dem Kaiserlichen Gesundheitsamt mein Ceterum censeo ins Volk rufen zu können: Kampf gegen die humanen, aber auch Kampf gegen die bovinen Bacillen!